MiQ 25/2020

2. vollständig überarbeitete Auflage

A. Podbielski M. Abele-Horn K. Becker E. Kniehl H. Mauch H. Rüssmann S. Schubert
S. Zimmermann (Hrsg.)

MiQ

Mikrobiologisch-infektiologische Qualitätsstandards (MiQ)

Im Auftrag der Deutschen Gesellschaft für Hygiene und Mikrobiologie (DGHM)
Unter Beteiligung der Deutschen Gesellschaft für Krankenhaushygiene (DGKH)
Expertengremium Mikrobiologische-infektiologische Qualitätsstandards (MiQ)

ELSEVIER

MiQ 25 2020

Diagnostik viraler Hepatitiden

Christian G. Schüttler, Heiko Slanina, Barbara Gärtner, Daniela Huzly, Susanne Modrow

2. vollständig überarbeitete Auflage

Expertengremium Mikrobiologische-infektiologische Qualitätsstandards (MiQ) der Deutschen Gesellschaft für Hygiene und Mikrobiologie (DGHM)
In Zusammenarbeit mit der Gesellschaft für Virologie (GfV) und der Deutschen Vereinigung zur Bekämpfung der Viruskrankheiten e. V. (DVV).

ELSEVIER

Elsevier
Hackerbrücke 6, 80335 München, Deutschland
Wir freuen uns über Ihr Feedback und Ihre Anregungen an books.cs.muc@elsevier.com

ISBN 978-3-437-41538-8
ISBN e-book 978-3-437-18019-4

2. vollständig überarbeitete Auflage 2020

Das Loseheftwerk **MiQ: Mikrobiologisch-infektiologische Qualitätsstandards** löst die früher als Loseblattwerk erschienenen „Verfahrensrichtlinien für die mikrobiologische Diagnostik" der DGHM ab.
Da trotz aller Bemühungen der Autoren Fehler, Missverständnisse oder nicht korrekt formulierte Aussagen unvermeidlich sind, bitten wir Sie um **Zusendung Ihrer Kritik und Stellungnahmen an das Sekretariat der DGHM,** damit Ihre Vorschläge nach Diskussion in der Expertengruppe in eine eventuelle Neuauflage eingearbeitet werden können.

Autoren:
Dr. med. Christian G. Schüttler
Dr. med. Heiko Slanina
Prof. Dr. med. Barbara Gärtner
Dr. med. Daniela Huzly
Prof. Dr. rer. nat. Susanne Modrow

Anschrift für die Autoren:
Dr. med. Christian G. Schüttler
Institut für Medizinische Virologie
Biomedizinisches Forschungszentrum Seltersberg (BFS)
Schubertstr. 81
35392 Gießen

Bibliografische Informationen der Deutschen Nationalbibliothek
Die Deutsche Nationalbibliothek verzeichnet diese Publikation in der Deutschen Nationalbibliografie; detaillierte biografische Daten sind im Internet über http://dnb.d-nb.de abrufbar.

Planung und Lektorat: Dr. Bernhard Gall, München
Projektmanagement: Karin Kühnel, München
Redaktion: Dr. Nikola Schmidt, Berlin
Herstellung: Dietmar Radünz, Leipzig
Satz: abavo GmbH, Buchloe
Druck und Bindung: Vereinigte Druckereibetriebe LAUPP & GÖBEL GmbH, Gomaringen
Umschlaggestaltung: SpieszDesign, Neu-Ulm

Printed in Germany

Alle aktuellen Informationen finden Sie im Internet unter www.elsevier.de

Inhalt

Vorwort

Nachdem im Jahre 2006 der MiQ-Band 25 „Diagnostik von Infektionen der Leber" erstmals erschien, war nach so vielen Jahren eine Überarbeitung und Aktualisierung überfällig. Aufgrund vielfältiger Neubewertungen diagnostischer Methoden und einer intensiven Abstimmung dauerte die Überarbeitung erheblich länger als erwartet, in der Tat ergab sich eine vollständige Neufassung. Alle bakteriellen und parasitären Ursachen einer Hepatitis werden in MiQ-Bänden behandelt, die seit 2005 mit anderen Schwerpunkten erschienen, sodass sich der vorliegende Band im Wesentlichen nur noch auf die eigentlichen viralen Hepatitisviren fokussiert. Eine auch andere Erreger erfassende Einleitung und Differentialdiagnostik blieben aber weiterhin bestehen.

Die erste Auflage der MiQ 25 unter der Leitung von Prof. Stephan Schaefer umfasste neben den klassischen Hepatitisviren auch alle Herpesviren, die eine Begleithepatitis verursachen können, sowie ein Kapitel zum Parvovirus B19. Letzteres ist der einzige nahezu unveränderte Text in diesem MiQ-Band und wurde dankenswerterweise erneut von Frau Prof. Susanne Modrow zur Verfügung gestellt. Ebenso möchte ich meinem Mitautor Herrn Dr. Heiko Slanina für die Kapitel zu HCV und HDV herzlich danken, der auch entscheidend die Endredaktion vorangetrieben hat. Für eine kritische Durchsicht des fertigen Manuskripts danke ich ganz herzlich Frau Prof. Barbara Gärtner, Frau Dr. Daniela Huzly und Frau Prof. Marianne Abele-Horn.

Es bleibt unseren Dank an die Herausgeber dieser Reihe, insbesondere Frau Prof. Abele-Horn, auszusprechen in der Hoffnung, dass der vorliegende Band zur Verbesserung der Diagnostik in allen in diesem Bereich tätigen Laboren führen möge und so mancher Tipp in der komplexen virologischen Diagnostik hilfreich und der Qualität im Dienste der Patienten zuträglich sei.

Gießen, im Januar 2020

Christian G. Schüttler

1 Zusammenfassung

Die Differentialdiagnose einer möglichen infektiösen Ursache von Hepatitiden ist die häufigste Untersuchungsindikation im serologisch-infektiologischen Labor. Neben einer Vielzahl von Begleithepatitiden bei verschiedenen Infektionskrankheiten sind die hepatotropen Viren (Hepatitisviren im engeren Sinne) mit Abstand die häufigste Ursache von akuten (Hepatitis A und E) sowie chronischen (Hepatitis B und C) Leberentzündungen.

Bei der Labordiagnose der Virushepatitis sind die nicht selten unspezifischen Testreaktivitäten nicht unkritisch zu bewerten, z. B. ein unspezifisch reaktives HBs-Antigen, HAV-IgM, HEV-IgM oder HCMV-IgM, um nicht zu vorschnellen Diagnosen und fehlerhaften Meldungen gemäß §7 IfSG zu gelangen.

Bei der serologischen Diagnostik einer Hepatitis A ist neben einem falsch-reaktiven HAV-IgM besonders das Ausbleiben einer nachweisbaren Antikörperbildung bei Immundefizienten zu beachten. Daher ist bei Verdacht auf eine akute Hepatitis A in diesem Fall stets ein zusätzlicher Nachweis von HAV-RNA im Serum und/oder Stuhl anzustreben.

Die Diagnostik der Hepatitis B ist durch die Kombination mehrerer Parameter insgesamt komplexer, ermöglicht aber zugleich eine Einordnung in verschiedene Stadien der Erkrankung, Therapie oder der Immunität. Häufige Ursachen für eine fehlerhafte Labordiagnostik sind falsch-reaktive oder falsch nicht-reaktive Anti-HBc-Befunde. Hier wird die zusätzliche Angabe des Rohwertes (Index oder S/CO) im Befund empfohlen, um eine Abschätzung über die Validität des positiven oder negativen Befundes zu erhalten oder im Verlauf scheinbare Anti-HBc-Serokonversionen durch wechselnde Befunde um den *cut-off* herum zu erkennen. Subgenotypisierungen und genotypische Resistenzbestimmungen haben bei der Hepatitis B zunehmend an Bedeutung gewonnen.

HDV ist ein nur beim Menschen vorkommendes Virusoid und benötigt HBsAg für seine Vermehrung, tritt also nur bei einer aktiver HBV-Infektion in Erscheinung. Eine HDV-Koinfektion führt häufig, v. a. im Rahmen einer Superinfektion, zu einer fulminanten Hepatits, einer vorzeitigen Leberzirrhose und zu einem erhöhten hepatozellulärem Karzinomrisiko. Diagnostisch sollte jeder Patient mit aktiver HBV-Infektion auch auf HDV untersucht werden, wobei die NAT gegenüber dem Antigen- oder Antikörpernachweis überlegen ist.

Die Symptome einer HCV-Infektion sind häufig mild und anikterisch, die Transaminasen nur mäßig erhöht, weshalb die Infektion oft übersehen wird. Problematisch ist, dass HCV häufig chronifiziert und zu Leberzirrhose und Leberkarzinomen führt. Dabei kann die HCV-Infektion heute durch neue Virostatika effektiv behandelt werden. Antikörpertests werden oft erst nach Wochen oder sogar Monaten positiv, weshalb bei bestehendem Infektionsverdacht die Untersuchungen wiederholt oder besser direkte Erregernachweise durchgeführt werden sollten. Der direkte Erregernachweis sollte auch bei immunkompromittierten Patienten mit mangelnder Antikörperbildung angestrebt werden. Jeder positive HCV-Suchtest sollte aufgrund des niedrigen negativ prädiktiven Wertes mit einem Immunblot, Antigennachweis oder NAT weiter abgeklärt werden.

Die Diagnostik und Epidemiologie der Hepatitis E hat in den vergangenen Jahren eine grundlegende Neubewertung erfahren. Die Seroprävalenz in Mitteleuropa ist wesentlich höher als zuvor angenommen und eine hohe Inzidenz von autochthonen HEV-3-Infektionen ist nachweisbar, auch wenn diese fast alle symptomlos verlaufen. Bei immundefizienten Patienten nach Organtransplantation ist die akute und hier auch chronisch verlaufende HEV-Infektion eine lebensbedrohliche Situation. Da bei diesen Patienten häufig keine HEV-IgG und HEV-IgM nachgewiesen werden, ist hier in jedem Fall ein direkter Nachweis der HEV-RNA im Serum/EDTA-Plasma durchzuführen. Der serologische Befund allein ist in diesen Fällen ohne belastbare Aussagekraft.

Einige Fallberichte schreiben von fulminant verlaufenden Begleithepatitiden bei Parvovirus-B19-Infektionen, auch wenn hierzu die Datenlage noch widersprüchlich ist. Während das Erythema infectiosum meist harmlos verläuft, sind der Hydrops fetalis oder schwer verlaufende Anämien gefürchtet. Da das IgM aufgrund der Bildung von Virus-Antikörperkomplexen maskiert werden kann, ist es nicht immer möglich, mittels serologischer Verfahren eine frische Infektion nachzuweisen. Daher ist der Genomnachweis bei begründeten akuten Verdachtsfällen, chronischen Verläufen oder Schwangeren anzustreben.

2 Einführung

Die Leber spielt im Stoffwechsel eine zentrale Rolle; wichtige Synthese-, Speicherungs- und Abbauprozesse finden in ihr statt. Durch ihre besondere Anatomie der Vereinigung des biliären Leitungssystems, des venösen Zuflusses aus dem Verdauungstrakt mit Ästen der V. portae und des arteriellen Zuflusses aus der A. hepatica, ist der Eintritt von Infektionserregern vielfältig möglich. Diese können das Leberparenchym parenteral über das arterielle System (bei jeder Virämie und Bakteriämie), über die Pfortader nach oraler Aufnahme oder biliär bei retrograd aufsteigenden Infektionen erreichen. Eine weitere Besonderheit der Leber ist der sogenannte enterohepatische Kreislauf, also das mehrfache Zirkulieren von Stoffen zwischen Leber und Darmlumen über die Gallensekretion und -wiederaufnahme. Dieser Weg wird von Erregern wie dem Hepatitis-A- und Hepatitis-E-Virus für eine verstärkte Infektion des Leberparenchyms genutzt.

Die Leber ist durch verschiedene tolerogene Mechanismen (Kupffer-Zellen, TLR3-Signaling, Regulation und Migration von T-Zellen u. a. *[Horst AK et al. 2016]*) ein sogenanntes „immunologisch privilegiertes" Organ, damit die ständige Konfrontation mit Fremdantigenen aus dem Verdauungstrakt nicht zu einem dauerhaften Auslöser von Entzündungen wird, was jedoch andererseits die Etablierung und Chronifizierung einiger Infektionen begünstigt. Dies ist neben der sehr hohen Stoffwechselaktivität einer der Gründe für vielfältige Infektionen mit sehr unterschiedlichen Erregern. Insbesondere Viren, die sich in Hepatozyten replizieren können, haben Zugang zu dem im Vergleich zu anderen Körperzellen sehr großen Proteinsyntheseapparat und nutzen diesen für eine äußerst produktive Virusreplikation.

Infektionen des Leberparenchyms führen meist zu einer diffusen lymphozytären, neutrophilen oder granulomatösen Infiltration des Leberparenchyms, die zusammen mit einer Zerstörung der Hepatozyten das klinische Bild einer Hepatitis hervorrufen. Einige Bakterien, Parasiten und Pilze können auch abszedierende Herde in der Leber bilden.

Die möglichen Ursachen einer Hepatitis sind sehr zahlreich und vielfältig. Neben Infektionskrankheiten (➤ Kap. 2.1) kommen auch traumatische, toxische (Medikamente, Gifte) und physikalische (Strahlenhepatitis) Hepatitiden vor. Eine häufige klinische Ursache einer Hepatitis sind Abflussbehinderungen der Gallengänge. Die entzündliche Hepatitis findet man bei verschiedenen Systemerkrankungen (Hämochromatose, Morbus Wilson, Sarkoidose, Kollagenosen u. a.), Autoimmunerkrankungen (Primär biliäre Zirrhose, Primär sklerosierende Cholangitis), entzündlichen Darmerkrankungen, aber auch bei Malignomen mit metastatischer Beteiligung und zusätzlichen Abflussbehinderungen sowie als Zeichen einer chronischen Abstoßungsreaktion (nach Lebertransplantation oder als Graft-versus-Host-Reaktion nach Knochenmark- bzw. Stammzell-Transplantation). Für erschöpfende Darstellungen der Differentialdiagnosen einer Hepatitis sei auf die Lehrbücher der Inneren Medizin und Hepatologie verwiesen.

Das Reaktionsmuster des Leberparenchyms bei einer entzündlichen Schädigung ist trotz vielfältiger Ursachen recht gleichförmig. Entzündliche Prozesse verlaufen parallel mit Geweberegeneration, Gewebeumbau und Nekrosen bzw. Apoptose. Die Einschränkung der Stoffwechselfunktionen nach Überschreiten der Reservekapazitäten der Leber dokumentiert sich meist in ähnlichen laborchemischen Befunden. Klinisch-chemische Routineuntersuchungen erlauben daher nur sehr eingeschränkt eine Differenzierung zwischen nicht-infektiösen Ursachen wie Autoimmunprozessen und Intoxikationen von erregerbedingten Hepatitiden. Der unterschiedliche Schweregrad und die Dauer der Schädigung manifestiert sich jedoch in unterschiedlichen klinischen Verlaufsformen, die von einer klinisch inapparenten, transienten oder chronischen Form über ikterische und nicht-ikterische Verläufe, bis zu akut oder fulminant verlaufenden Hepatitiden reichen können. Ab einer Erkrankungsdauer von mehr als sechs Monaten spricht man von einer chronischen Verlaufsform der Hepatitis.

2.1 Klinik und Erregerspektrum einer infektiösen Hepatitis

Eine Reihe von Bakterien, Pilzen und Parasiten können eine Hepatitis verursachen (➤ Tab. 2.1). Die Leberbeteiligung ist dabei zum Teil obligat (Malaria), ein wesentlicher Bestandteil der Infektion (z.B. Leptospirose, Brucellose, Echinokokkose), eine mehr oder weniger häufige Mitbeteiligung beim Infektionsverlauf oder nur eine seltene zusätzliche, isolierte Organbeteiligung (z.B. Mykobakteriose). Auch jede Bakteriämie, die mit einer Sepsis einhergeht, kann zu Symptomen einer Hepatitis führen, wobei die bakterielle Infektion oder das septische Geschehen durch Mikrothromben und Zytokine unterschiedlich schwer die Begleithepatitis beeinflussen können. Bei Verdacht auf eine bakterielle oder parasitäre Hepatitis engen typische zusätzliche Symptome, laborchemische Parameter (CRP, Procalcitonin, Differentialblutbild), weitere Organbeteiligungen, zeitlicher Verlauf, anamnestische Hinweise auf Tierkontakt und eine Reiseanamnese die Differentialdiagnosen weiter ein.

Tab. 2.1 Bakterien, Pilze und Parasiten, die eine Hepatitis verursachen können

Mikroorganismen	Diagnostik-Empfehlungen in MiQ
Bakterien	
Bartonella henselae	MiQ 13a Infektionen des Mundes und der oberen Atemwege MiQ 33 Zoonosen
Borrelia burgdorferi	MiQ 12 Lyme-Borreliose
Brucella spp.	MiQ 26 Hochpathogene Erreger Teil I MiQ 33 Zoonosen
Chlamydia spp.	MiQ 13a Infektionen des Mundes und der oberen Atemwege
Coxiella burnetii	MiQ 27 Hochpathogene Erreger Teil II MiQ 33 Zoonosen
Francisella tularensis	MiQ 27 Hochpathogene Erreger Teil II MiQ 33 Zoonosen
Legionella pneumophila	MiQ 08 Infektionen der tiefen Atemwege Teil II
Leptospira interrogans	MiQ 33 Zoonosen
Listeria monocytogenes	MiQ 11a Genitalinfektionen Teil II
Mykobakterien	MiQ 18 Arthritis und Osteomyelitis MiQ 13a, b Mund und Atemwege MiQ 05 Tuberkulose Mykobakteriose
Rickettsia spp.	MiQ 27 Hochpathogene Erreger Teil II
Salmonella Typhi (*S. enterica* subsp. *enterica* ser. *typhi*)	MiQ 03 Sepsis
Treponema pallidum pallidum	MiQ 16 Syphilis
Yersinia pestis	MiQ 27 Hochpathogene Erreger Teil II
Pilze	
Cryptococcus neoformans	MiQ 08 Infektionen der tiefen Atemwege Teil II
Histoplasma spp.	MiQ 08 Infektionen der tiefen Atemwege Teil II
Parasiten	
Clonorchis sinensis	MiQ 04 Parasitosen
Echinococcus multilocularis/granulosus	MiQ 04 Parasitosen
Entamoeba histolytica	MiQ 04 Parasitosen
Fasciola hepatica	MiQ 04 Parasitosen
Plasmodium spp.	MiQ 04 Parasitosen
Schistosoma spp.	MiQ 04 Parasitosen
Toxoplasma gondii	MiQ 04 Parasitosen MiQ 31 Infektionen des Auges

2.2 Virushepatitis und virale Begleithepatitis

Als Erreger der Virushepatitis im engeren Sinne werden jene Viren betrachtet, für die Hepatozyten den überwiegenden oder ausschließlichen Replikationsort darstellen und die daher einen ausgeprägten Lebertropismus zeigen. Diese sind (nach ihrer charakteristischen entdeckungsgeschichtlichen Bezeichnung) auch nach der Erkrankung selbst benannt (➢ Tab. 2.2), obwohl keine taxonomische Beziehung zwischen ihnen besteht. Von diesen verursachen das **Hepatitis-A-Virus (HAV) und Hepatitis-E-Virus (HEV)** als fäkal-oral übertragbare Erreger bei Immunkompetenten keine chronischen, sondern akute und weit überwiegend selbstlimitierende Infektionen. Zur weltweit hohen Morbidität und Mortalität der Virushepatitis tragen vor allem die parenteral übertragenen und primär zur Chronifizierung fähigen Viren bei: das **Hepatitis-B-Virus (HBV)** und das **Hepatitis-C-Virus (HCV).** Das **Hepatitis-D-Virus** (HDV, abgeleitet von der Bezeichnung Delta-Agens) ist als Virusoid und damit abhängiges Virus nur als parenterale, aggravierende Super- und Simultaninfektion mit HBV von Bedeutung.

Tab. 2.2 In Deutschland nach IfSG gemeldete Fälle einer Virushepatitis

Virus	Übertragung (selten)	Inkubationszeit	Gemeldete Fälle gem. IfSG *	
			2005	**2018**
Hepatitis-A-Virus	Fäkal/oral (parenteral)	3–5 Wochen	1217	1043
Hepatitis-B-Virus	Parenteral sexuell vertikal	Je nach Infektionsdosis und Eintrittspforte 1–7 Monate	2469	4507A
Hepatitis-C-Virus	Parenteral (sexuell) (vertikal)	5–12 Wochen	8308	5891
Hepatitis-D-Virus	Parenteral	Bei Koinfektion mit HBV 4 Wochen bis 8 Monate	29	59
Hepatitis-E-Virus	Fäkal/oral, zoonotisch, (parenteral)	3–8 Wochen	54	3396B

* Alle übermittelten Fälle ohne Berücksichtigung der sehr unterschiedlichen und wechselnden Referenzdefinitionen [RKI: Infektionsepidemiologisches Jahrbuch für 2005, Berlin, 2006 und Infektionsepidemiologisches Jahrbuch für 2018, Berlin, 2019]
A: Signifikanter Anstieg trotz veränderter Referenzdefinition in den Jahren 2015 und 2016 durch importierte Infektionen mit abweichenden Genotypen (C, E).
B: Kontinuierlicher Anstieg der Meldezahlen seit 2011 durch erheblich gesteigerte und verbesserte Diagnostik.

Zu den weiteren hepatotropen Viren, die neben einer Hepatitis hauptsächlich andere Symptome und Erkrankungen auslösen, zählen als Mitglieder der *Herpesviridae* das **Humane Cytomegalievirus (HCMV),** das **Epstein-Barr-Virus (EBV)** und die **Herpes-simplex-Viren 1 und 2 (HSV-1/-2).** Bei **EBV und HCMV** ist die Leberbeteiligung ein Charakteristikum bei Primärinfektionen. Hepatitiden durch **HSV-1/-2** kommen vereinzelt als isolierte, schwer verlaufende Erkrankung auch bei Immunkompetenten ohne Grunderkrankung oder im Rahmen einer generalisierten systemischen HSV-Infektion (sogenannte HSV-Sepsis) bei Neugeborenen oder Immunkompromittierten vor. Neben einer Begleithepatitis kann es bei HSV-1/-2 zusätzlich auch noch zu einer ZNS-Beteiligung oder aufgrund einer generalisierten Gerinnungsstörung zu einer Blutungsneigung kommen.

Einige Enteroviren und Adenoviren sind ebenfalls seltene Erreger einer viralen Hepatitis. Bei den **Enteroviren** ist die Hepatitis im Rahmen einer schweren systemischen Enterovirus-Infektion beim Neugeborenen (sogenannte neonatale Enterovirus-Sepsis) häufig mit zusätzlicher Myokarditis und Enzephalitis von Bedeutung *[Kaplan MH et al. 1983]*. Häufige Enteroviren in diesem Zusammenhang sind die Coxsackie-Viren A4, A9, A20 und B5 sowie ECHO-Viren. Im Fall der **Adenoviren** treten Hepatitiden bei schwer T-zellulär immundefizienten Patienten unter onkologischer Chemotherapie oder nach Transplantation (besonders KMT/SZT) auf.

Von den Ausnahmen einer generalisierten Virusinfektion abgesehen, handelt es sich bei den vorgenannten Infektionen um **virale Begleithepatitiden** (➤ Tab. 2.3). Eine solche kommt auch bei systemischen Virusinfektionen wie den Windpocken, viszeraler Zoster (VZV) und gelegentlich bei Masern *[Rafat et al. 2013]* vor. Einige Fallberichte beschreiben auch eine zum Teil fulminant verlaufende Begleithepatitis im Rahmen von Ringelröteln (Parvovirus B19) *[Leon LAA et al. 2017, Wong S et al 2003]*, konnten allerdings bei Untersuchungen von Lebergewebeproben keinen Zusammenhang zwischen einer Ringelröteln-Infektion und einer Hepatitis nachweisen. Der Stellenwert von Parvovirus B19 bleibt diesbezüglich noch unklar.

Bei Transplantierten kann als sehr seltene Komplikation eine Hepatitis bei einer Reaktivierung des Erregers des Dreitagefiebers, dem Humanen Herpesvirus 6 (HHV-6), beobachtet werden *[Agut H et al. 2015]*.

Tab. 2.3 Bedeutung viraler Erreger als Auslöser einer Begleithepatitis oder einer Hepatitis bei generalisierter Infektion bei Immunkompetenten und Immundefizienten

Virus	Besondere Bedeutung bei Immundefizienz	Besondere Bedeutung bei Immunkompetenz	Empfehlung in MiQ
Adenoviren	HTX bei Kindern SZT/KMT	Sehr selten	MiQ 13: Infektionen des Mundes und der oberen Atemwege
Epstein-Barr-Virus (EBV)	Systemische Reaktivierung, PTLD	Primärinfektion ab dem Kindesalter	MiQ 13: Infektionen des Mundes und der oberen Atemwege
Enteroviren	Generalisierte Infektion	Generalisierte Infektion, zumeist bei Neugeborenen	MiQ 13: Infektionen des Mundes und der oberen Atemwege
Humanes Cytomegalievirus (HCMV)	Schwere zelluläre Immundefizienz	Primärinfektion	MiQ 13: Infektionen des Mundes und der oberen Atemwege
Humanes Herpesvirus 6 (HHV-6)	HTX, SZT/KMT, HCMV-Koinfektion		
Herpes-simplex-Virus 1 und 2 (HSV-1/-2)	Systemische Reaktivierung	Primärinfektion	MiQ 06: Infektionen der Haut und der subkutanen Weichteile
Parvovirus B19		Beschrieben bei akuter Infektion	MiQ 25
Varizella-zoster-Virus (VZV)	Systemische Reaktivierung (generalisierter Herpes zoster, Zoster visceralis)	Sehr seltene Komplikation der Primärinfektion (Windpocken)	MiQ 06: Infektionen der Haut und der subkutanen Weichteile

HTX: Herztransplantation, SZT: Stammzelltransplantation, KMT: Knochenmarktransplantation, PTLD: Posttransplantations-lymphoproliferative Erkrankung

Virale Erreger eines **hämorrhagischen Fiebers** (VHF, *viral hemorrhagic fever*) führen fast ausnahmslos zu einer Leberbeteiligung und bieten entsprechende laborchemische und klinische Zeichen einer Leberentzündung, zum Teil auch einer schweren Leberinsuffizienz (➤ Tab. 2.4). Bekanntester Vertreter ist das Gelbfiebervirus aus der Familie der *Flaviviridae*, das nach seiner ikterischen Hepatitis-Symptomatik benannt wurde. Bei den meisten dieser Erreger ist eine gezielte diagnostische Tätigkeit bei Verdacht auf eine Erkrankung nur in Laboratorien der Biologischen Schutzstufe 4 zugelassen (für genaue Hinweise zum diagnostischen Umgang mit den hier aufgeführten Hämorrhagischen Fieberviren s. MiQ 28 Hochpathogene Erreger Teil III).

Tab. 2.4 Virale Erreger eines hämorrhagischen Fiebers, bei denen eine „Begleithepatitis" beobachtet werden kann

Virus	Virusfamilie	Vorkommen	Risikogruppe bzw. Schutzstufe*
Dengue-Virus	*Flaviviridae*	Süd- und Mittelamerika, Afrika, Indien, Südasien, Australien	3
Ebola-Viren	*Filoviridae*	Zentral-, Westafrika	4
Gelbfiebervirus	*Flaviviridae*	Südamerika, Subsahara-Afrika	3
Guanarito-Virus	*Arenaviridae*	Venezuela	4
Hantaanvirus	*Hantaviridae*	Asien, Süd- und Nordamerika, Afrika, Europa	3
Junin-Virus	*Arenaviridae*	Argentinien	4
Krim-Kongo-hämorrhagisches-Fieber-Virus	*Nairoviridae*	Süd-Ost-Europa, Asien, Naher und Mittlerer Osten	4
Kyasanur-Wald-Fieber-Virus	*Flaviviridae*	Südasien	3
Lassa-Virus	*Arenaviridae*	Zentral-, Westafrika	4
Machupo-Virus	*Arenaviridae*	Bolivien	4
Marburg-Virus	*Filoviridae*	Kenia, Uganda, DR Kongo, Angola	4
Omsk-hämorrhagisches-Fieber-Virus	*Flaviviridae*	West-Sibirien	3
Rift-Tal-Fiebervirus	*Phenuiviridae*	Afrika, Arabische Halbinsel	3
Sabiá-Virus	*Arenaviridae*	Brasilien	4

* Einstufung biologischer Arbeitsstoffe nach EU-Richtlinie 90/679/EWG sowie Technischer Regel für Biologische Arbeitsstoffe (TRBA) 462

2.3 Allgemeine Laboruntersuchungen

Aufgrund der vielfältigen Ätiologie ist die Differentialdiagnose einer Hepatitis eine häufige internistische Fragestellung, die meist eine Vielzahl diagnostischer Maßnahmen erfordert.

Zur allgemeinen Labordiagnostik der Hepatitiden gehören u. a. ein Differentialblutbild und die Bestimmung von Enzymaktivitäten aus dem Serum oder Heparinplasma, die mit Leberzellschädigungen und systemischen Infektionen assoziiert sind. Der klinische Verdacht auf das Vorliegen einer Hepatitis wird durch die Feststellung **erhöhter GOT (ASAT)- und GPT (ALAT)-Werte** untermauert, da bei einer Schädigung von Leberzellen GOT und besonders GPT freigesetzt werden. Allerdings schließen Transaminasenaktivitäten im Normbereich das Vorliegen einer chronischen Leberinfektion mit einem viralen Erreger nicht aus. Bei viraler Hepatitis ist die GPT als Zeichen einer schweren Leberschädigung in der Regel stärker erhöht als die GOT (**de-Ritis-Quotient** GOT/GPT < 1). Wichtige Ausnahme ist eine Hepatitis E, bei der anstatt der GOT und GPT häufig die GGT führend ist.

Neben der Bestimmung der Transaminasenaktivität ist bedeutsam, ob es durch die akute oder chronische Infektion bereits zu einer **Einschränkung der Leberfunktion** gekommen ist. Mittels verschiedener klinisch-chemischer Parameter kann die Leberfunktion abgeschätzt werden. Von Bedeutung hierfür sind das Antithrombin III, Albumin, Bilirubin, die Pseudocholinesterase und die Gerinnungsparameter.

Allgemeine Laboruntersuchungen zur Ermittlung von Entzündungsparametern können einen Hinweis auf eine bakterielle oder mykologische Genese der Transaminasenerhöhung geben. Stark **erhöhte Serumspiegel von C-reaktivem Protein und Procalcitonin** weisen auf bakterielle oder mykologische Ursachen hin. Allerdings werden diese Proteine in der Leber synthetisiert und abgebaut, sodass insbesondere schwere Leberzellschäden gegebenenfalls zu weniger ausgeprägten bis scheinbar normwertigen Messergebnissen für diese Marker führen können. Die Anfertigung eines Differentialblutbildes und eine Mikroskopie des Blutausstriches sind im Rahmen von frischen (primären) EBV- und HCMV-Infektionen nützlich, da es bei diesen Erkrankungen zu einer Lymphozytose mit morphologisch atypischen Lymphozyten kommen kann. Bei bakteriellen Infektionen findet man in der Regel eine **Erhöhung der Gesamtleukozytenzahl mit Linksverschiebung und Lymphozytopenie** im Differentialblutbild. Bei parasitären Lebererkrankungen liegt der Anteil der eosinophilen Granulozyten an der Gesamtzahl der Leukozyten oft oberhalb des Normwertes von 1–4%.

2.4 Indikationen zur virologischen Untersuchung

Die häufigsten Untersuchungsindikationen für virale Hepatitiserreger sind eine Immunitätsabklärung (nach Impfung oder Immunität nach früherer Infektion) und die Abklärung einer Transaminasenerhöhung als laborchemisches Zeichen einer Hepatitis. Bei HBV, HCV und HCMV (seltener HSV-1/-2) kommen ergänzend noch Untersuchungen zur Therapiekontrolle mittels Nukleinsäure-Amplifikationstechniken (NAT) als Indikation infrage.

Zu den Screening-Indikationen gehören Untersuchungen im Rahmen der Schwangerenvorsorge, arbeitsmedizinische Untersuchungen, Untersuchungen nach Exposition (auch bei BG-Verfahren), Screening bei Blut-, Organ- und Gewebespenden, bei Personen mit hohem Infektionsrisiko und ein Infektionsausschluss vor operativen Eingriffen sowie vor immunsupprimierenden Therapien.

Spezifische, pathognomonische Symptome einer Hepatitis existieren nicht. Unspezifische Symptome wie Müdigkeit, Abgeschlagenheit und Leistungsknick kommen vor. Ein **Ikterus** gilt als Leitsymptom, kann aber häufig fehlen. Daher ist jede Erhöhung der Lebertransaminasen abklärungsbedürftig, da sich hinter diesem unspezifischen

Hinweis auf eine Leberschädigung eine Vielzahl ernsthafter, behandelbarer Erkrankungen infektiöser und nicht-infektiöser Natur verbergen kann. Eine **Erhöhung der Alanin-Aminotransferase-Aktivität (ASAT, GPT)** auf Werte über 50 U/L bei Männern und 35 U/L bei Frauen lässt an eine Hepatitis denken.

Bei Hepatitiden, die auf eine anhaltende oder kürzliche parenterale Exposition hindeuten (HCV, HBV und HDV), sollte dem Einsender zusätzlich die Anforderung eines Anti-HIV-1/-2-Tests und gegebenenfalls eine Untersuchung auf Lues (bei akuter HBV) angeraten werden.

2.5 Unsinnige Untersuchungen

Für eine rationale und kosteneffektive Virusdiagnostik ist es bedeutsam, überflüssige Wiederholungen bereits erhobener Untersuchungsparameter zu vermeiden, die sich als individueller **positiver Serostatus lebenslang nicht verändern,** deren Änderung keine medizinische Zusatzinformation ergibt oder **keine medizinische Konsequenz** nach sich zieht.

Zu den unnötig wiederholten Untersuchungen bei vorbefundlich bekannter Seropositivität gehören Testungen auf Anti-HAV-IgG, Anti-HBc (und Anti-HBs bei bekannter alter, klinisch ausgeheilter HBV-Infektion), Anti-HCMV-IgG, Anti-HSV-1/-2-IgG, EBV-VCA-IgG und EBNA-1-IgG. Erneute Untersuchungen dieser serologischen Parameter sollten nur dann durchgeführt werden, wenn berechtigte Zweifel an einem reaktiven Vorbefund bestehen, z. B. bei Verdacht auf unspezifische Reaktivität, Probenverwechslung oder vormals passiven Antikörpererwerb.

Die wiederholte Messung von Anti-HCV-Ig bei einer bekannten HCV-Infektion hat keinen zusätzlichen Informationswert bezüglich der Differenzierung zwischen akutem und chronischem Verlauf, dem Therapieerfolg oder dem klinischen Verlauf einer chronischen HCV-Infektion. Für wissenschaftliche Fragestellungen sind Anti-HCV-IgM-Tests etabliert, in der klinischen Anwendung ist diese Untersuchung jedoch nicht sinnvoll, da die Positivität des HCV-IgM keinen Rückschluss auf das Vorliegen einer akuten oder chronischen Infektion zulässt und es keinen Hinweis darauf gibt, dass dessen Nachweis mit klinischen Verläufen korreliert.

Ein Nachweis von HDV-Antigen ist technisch möglich, hat aber aufgrund des kurzzeitigen Auftretens im Serum nur eine sehr eingeschränkte Aussagekraft. Die Nukleinsäure-Amplifikationstechnik (NAT) für HDV-RNA ist dem Antigennachweis bezüglich Sensitivität und prädiktivem Wert deutlich überlegen. Die Untersuchung auf Anti-HDV bei HBV-Geimpften oder vollständig HBV-Seronegativen ist ebenso überflüssig wie eine Testung der HDV-RNA bei HBs-Antigen-Negativen (siehe hierzu auch die Hinweise zur Stufendiagnostik, ➤ Kap. 10).

Nach **passivem Antikörpererwerb** durch die Gabe von Frischplasma (FFP), Vollblutspenden, Thrombozytenkonzentraten und Immunglobulinpräparaten ist eine serologische Untersuchung auf Parameter mit hoher Seroprävalenz für einige Wochen nach der letzten Verabreichung nicht sinnvoll. Dies kann bei vorgetäuschter Positivität durch passiven Erwerb zu ernsthaften Fehleinschätzungen führen, insbesondere vor einer Immunsuppression. Dies betrifft insbesondere Anti-HBs (hier Impfantikörper), EBV-VCA-IgG, EBNA-1-IgG, HSV-1/-2-IgG und teilweise Anti-HCMV-IgG. Immunglobulinpräparate können zusätzlich auch hohe Konzentrationen von Anti-HBc aufweisen, das unter Umständen längerfristig (bis zu über acht Wochen) im Serum des Empfängers nachgewiesen werden kann.

Gleiches gilt für serologische Untersuchungen von Neugeborenen, bei denen die Antikörper der IgG-Klasse diaplazentar übertragen wurden und als **maternale Antikörper** noch Wochen (bei Anti-HCV bis zu einem Jahr, bei Anti-HBc bis zu 18 Monaten) nachweisbar sein können. Unsinnig ist eine Untersuchung des Neugeborenen auf Anti-HBc, Anti-HBs und HBs-Antigen, wenn dieses von einer Mutter mit bestehender Hepatitis B entbunden und regelhaft unmittelbar postpartal eine aktive und passive Simultanimpfung erhielt. Hier können alle drei Parameter durch passiven Erwerb positiv sein, entweder diaplazentar oder durch die Impfung selbst (auch zirkulierendes Impfantigen wird durch die sensitiven HBs-Antigentests erfasst). Eine medizinische Konsequenz hat ein solcher Befund nicht. Eine Untersuchung zu einem späteren Zeitpunkt ist jedoch notwendig (➤ Kap. 5.6).

Einige unsinnige Untersuchungen in der Hepatitisdiagnostik betreffen Erreger, bei denen bislang kein Zusammenhang mit einer Lebererkrankung nachgewiesen wurde oder die nach derzeitigem Kenntnisstand generell keine Pathogenität beim Menschen besitzen. Zu diesen Untersuchungen zählen NATs oder Antikörperuntersuchungen für das GB-Virus C (anfänglich als „Hepatitis-G-Virus" fehlgedeutet), sowie die den *Anneloviridae* zugeordneten TT-Viren und das SEN-Virus. Alle Verfahren zum Nachweis dieser Viren sind bei der Abklärung einer Hepatitis nicht indiziert.

3 Virologische Labordiagnostik

3.1 Probengewinnung

Zur Diagnostik einer viralen Hepatitis werden überwiegend Serum und EDTA-Plasma, bei Proben von Blutspendern zusätzlich Citrat-Plasma verwendet. Seltener werden Stuhlproben (HAV, HEV), Abstriche (kontaminierte Oberflächen), Rachenabstriche und Rachenspülflüssigkeit (Enterovirus- und Adenovirus-Hepatitis) oder Bioptate in der Diagnostik eingesetzt. Für forensische Untersuchungen nach möglicher Exposition gegenüber parenteral übertragbaren Viren (HBV, HCV) werden gelegentlich rechtsmedizinische Blutspuren oder mit Blut kontaminierte Spritzen und Kanülen eingesandt.

Blutentnahme Bei der Blutabnahme für serologische Untersuchungen und zum viralen Genomnachweis sind keine besonderen Vorgehensweisen zur Erhöhung der Sensitivität der diagnostischen Tests notwendig. Die **allgemeinen Hygienemaßnahmen** zum Schutz des medizinischen Personals (Einmalhandschuhe, sichere Entsorgung der Kanüle) sind zu beachten, da insbesondere HBV-haltiges Blut sehr hohe Konzentrationen an infektiösem Virus enthalten kann, welches bei Kontakt mit Schleimhäuten und auch mit nicht sichtbar verletzter Haut eine Infektion beim Nichtimmunen auslösen kann.

Stuhlentnahme Der Stuhl soll ohne Urinbeimengung in ein sauberes Gefäß abgesetzt werden. Eine etwa haselnussgroße Menge wird mit beiliegenden (oder im Deckel verankerten) Löffelchen in das Stuhlröhrchen übertragen. Bei flüssigem Stuhl genügen 1–2 mL.

Rachenspülflüssigkeit Den Mund mehrmals mit Leitungswasser ausspülen lassen. Dann mit etwa 10 mL Leitungswasser gurgeln lassen und in einen sterilen, verschließbaren Transportbecher ausspucken lassen. Klassische Sputumproben sind für die Virusdiagnostik ungeeignet. Zur Entnahme von Nasen-Rachen-Spülflüssigkeit gibt es (insbesondere für Säuglinge und Kleinkinder oder für Personen, die nicht zum Gurgeln angehalten werden können), kommerzielle Spül- und Entnahme-Kits.

3.2 Probentransport

Proben, die keine ansteckungsgefährlichen Stoffe oder Stoffe enthalten und bei denen es unwahrscheinlich ist, dass sie bei Menschen oder Tieren Erkrankungen auslösen können, dürfen verpackt nach P650 und dem Vermerk „Diagnostische Probe“ mit der Post versendet werden. Enthält die humanmedizinische Probe vermutlich oder tatsächlich Erreger der Klasse B (Risikogruppen 2 und 3), wird sie nach P650 verpackt und mit der UN-Nr. 3373 gekennzeichnet. Eine Versendung mit der Post ist ebenfalls als Maxibrief möglich. Proben mit vermuteten oder tatsächlichen Erregern der Kategorie A (Kulturen bestimmter Erreger der Risikogruppe 3, Risikogruppe 4) sind mit der UN-Nr. 2814 zu versehen und nach P620 zu verpacken. Der Transport erfolgt mit speziell **hierfür zugelassenen Kurierdiensten** (ADR 2019). Speziell gilt beispielsweise bei HBV, dass Anreicherungen entsprechend der Kategorie und den Patientenproben mit HBV nach Kategorie B versendet werden.

Unabhängig davon, ob die Materialien mit der Post oder anderen Dienstleistern transportiert werden, handelt es sich um **zusammengesetzte Verpackungen,** bestehend aus Primärverpackung (Probengefäß), Sekundärverpackung (Schutzgefäß) und Umverpackung. Für flüssige Materialien (Blut, Urin) müssen Probengefäß und Schutzgefäß flüssigkeitsdicht sein und zwischen beiden muss ausreichend saugfähiges Material angeordnet werden. Beim Postversand ist eine kistenförmige Umverpackung aus Pappe vorgeschrieben. Die Verpackung muss zusätzlich eine Bauartkennzeichnung des Herstellers nach Abschnitt 6.0.4 IATA-DGR tragen. Der Versand muss als Maxibrief erfolgen.

Darüber hinaus sind weitere in der Verpackungsanweisung P650 (IATA-DGR) angegebene Anforderungen einzuhalten, die diese Verpackung zu einer medizinischen Sicherheitsverpackung machen. Es wird daher insbesondere für den Postversand diagnostischer Proben empfohlen, kommerzielle Verpackungen, die von der Bundesanstalt für Materialforschung und -prüfung in Berlin getestet wurden, zu verwenden.

Jedes Versandstück muss auf der Verpackung mit einem grafischen Symbol (deutlich sichtbar, möglichst auf der Adressatenseite) gekennzeichnet werden, das den Äskulapstab enthält, sowie mit den Kennzeichnungen UN-Nr. 3373 und „Diagnostische Probe“ versehen sein. Eine zusätzliche Kennzeichnung als „Medizinisches Untersuchungsgut“ ist statthaft, aber nicht vorgeschrieben.

Verantwortlich für die gewissenhafte Einhaltung aller gefahrgutrechtlichen Bestimmungen beim Versand medizinischer Untersuchungsmaterialien ist grundsätzlich der Absender. Das ist in der Regel der absendende Arzt oder Laborleiter, im Zweifelsfall der Leiter oder Inhaber der betreffenden Einrichtung. Für den Versand „Diagnostischer Proben“ der UN-Nr. 3373 (Risikogruppen 1, 2 und 3) ist ein Gefahrgutbeauftragter nicht erforderlich.

Der Versand von Proben zur Diagnostik lebensbedrohlicher Erkrankungen durch **Erreger der WHO-Risikogruppe 4** (wie viele virale Auslöser eines hämorrhagischen Fiebers) unterliegt zusätzlichen Anforderungen beim Transport. Diese werden der UN-Nr. 2814 zugeordnet und nach P620 (IATA-DGR) versandt. Details zum Probentransport sind den MiQ 20/21 (Sicherheit im mikrobiologisch-diagnostischen Labor) zu entnehmen.

Dem eingesandten Material müssen Name und Adresse des einsendenden Arztes/Klinik, Name, Alter und Geschlecht des Patienten, die Art und der Zeitpunkt der Abnahme des Untersuchungsmaterials und die gewünschte Untersuchung zuzuordnen sein. Zur Erleichterung einer Stufendiagnostik sind dem Labor auch die Verdachtsdiagnose, Untersuchungsindikation und relevanten Vorbefunde mitzuteilen. Weitere Details zu einem korrekt ausgefüllten Untersuchungsauftragsschein sind der DIN EN ISO 15189 (*Medical laboratories – Particular requirements for quality and competence*) zu entnehmen.

Der Untersuchungsauftrag ist vom einsendenden Arzt zu unterschreiben. Der Begleitschein wird dem Untersuchungsgut beigelegt. Dabei wird er gegen Verschmutzung, z. B. mit einer Klarsichthülle, geschützt. Das Labor protokolliert den Zeitpunkt des Eintreffens des Untersuchungsmaterials und etwaige Beschädigungen oder Beeinträchtigungen der Sendung.

Weit verbreitete klinische Informationssysteme erlauben eine Untersuchungsanforderung per Dateneingabe (Order-Entry) und den Ausdruck entsprechender Probenetiketten. Für die Bestimmungen bezüglich Zuordnung, Zeitpunkt der Probenentnahme, Untersuchungsindikation, Identifizierbarkeit des anfordernden Arztes (Log-In) etc. gelten die gleichen Anforderungen wie für Einsendungen mit Belegschein oder ärztlichem Schreiben.

3.3 Diagnostische Materialien

3.3.1 Serum und EDTA-Plasma

Für serologische Untersuchungen und NAT sollten Serum- und EDTA-Plasmaproben vor einer eventuellen Versendung abzentrifugiert und ohne Blutkuchen bzw. zelluläre Bestandteile abgefüllt werden. Dadurch wird eine Hämolyse während des Transports vermieden, was zu weniger Inhibitionen der NAT und Interferenzen in manchen serologischen Assays führt. Dies gilt natürlich nicht für Untersuchungen, die mit Buffy-Coat von EDTA-Vollblutproben durchgeführt werden müssen, wie z. B. eine Immunfluoreszenz-Untersuchung beim HCMV-pp65-Antigentest.

Für serologische Untersuchungen kann eine Serum- oder Plasmaprobe auch ohne Kühlung versandt werden, da die entsprechenden Virusantigene und spezifischen Antikörper in diesem Material sehr stabil sind. Bei Untersuchungen mittels NAT für HAV, HBV und die Herpesviren gilt dies ebenso, lediglich bei HEV und HCV können bei ungekühlten Proben nennenswerte Beeinträchtigungen einer quantitativen NAT resultieren.

3.3.2 Heparinplasma

Heparinplasma (Lithium-Heparinat-Plasma) eignet sich grundsätzlich nicht für RNA- und DNA-Nachweise mittels NAT, da besonders die Extraktion der Nukleinsäure vollständig inhibiert und die Funktion der thermostabilen DNA-Polymerase stark beeinträchtigt werden kann und mögliche Heparinrückstände im Eluat zusätzlich die NAT stören, was zu falsch-negativen Testergebnissen führen kann. Serologische Testverfahren sind aus Heparinplasma je nach verwendetem kommerziellen Testsystem möglich, jedoch ist die Spezifität anstelle der Verwendung von Serum oder EDTA-Plasma vom Hersteller oder Anwender gesondert zu testen.

Zur Material- und Zeitersparnis und zur Reduzierung unnötiger zusätzlicher Blutabnahmen beim Patienten ist es in der Virusdiagnostik jedoch sinnvoll, auch für serologische Testverfahren routinemäßig kein Heparinplasma zu verwenden, da eine unklare serologische Konstellation oder ein fraglich reaktiver IgM-Test häufig mit einer NAT unmittelbar aus dem gleichen Material weiter geklärt werden kann.

3.3.3 Stuhl

In Stuhlproben kann bei HAV und HEV (eingeschränkt auch bei HCMV) ein direkter Virusnachweis mittels NAT durchgeführt werden, bei HAV zusätzlich auch ein Antigentest. Zur virologischen Untersuchung reichen kleine, haselnussgroße Stuhlmengen aus, die in den üblicherweise verwendeten speziellen Transportbehältern an das Labor geschickt werden können. Bei flüssigen Stuhlproben (Bristol-Stuhlformskala 6 und 7) genügen 1 bis 2 mL. Stuhlproben sollten beim Einsender nicht länger gelagert oder gesammelt, sondern möglichst unter Kühlung umgehend in das virologische Labor transportiert werden. Die Aufschwemmung und Zentrifugation der Proben erfolgt erst im Labor, je nach gewünschter Untersuchungstechnik und Untersuchungsprotokoll in den entsprechenden Puffern oder Zellkulturmedien. Im Falle einer eventuellen elektronenmikroskopischen Untersuchung sollten die Medien Phosphat-frei sein.

Wurde eine Stuhlprobe beim Einsender oder Transportunternehmen zuvor eingefroren oder länger als einen Tag gelagert, so ist dies dem Labor mitzuteilen und dort zu dokumentieren, da speziell der Nachweis viraler RNA bei dieser Probenbehandlung zunehmend eingeschränkt ist und zu falsch-negativen Ergebnissen führen kann.

Quantitative Verfahren aus Stuhlproben mit Bestimmung des Trockengewichts sind etabliert, haben jedoch bisher nur eine mögliche Bedeutung im Rahmen der pädiatrischen Onkologie, um rechtzeitig das Risiko einer adenoviralen Invasion bei dauerausscheidenden SZT/KMT-Patienten zu erkennen *[Lion T. et al 2010]*. Der prognostische Wert im Vergleich zur Quantifizierung im Serum wird durch andere Studien nicht bestätigt *[Mynarek M. et al 2014]*.

3.3.4 Respiratorische Abstriche und Rachen-Spülflüssigkeit

Zur Diagnostik einer durch Enteroviren und Adenoviren ausgelösten Hepatitis können zusätzlich respiratorische Proben für den direkten Erregernachweis hilfreich sein. Diese sollten möglichst früh bei Auftreten einer entsprechenden Symptomatik abgenommen werden. Als Materialien eignen sich Rachenabstriche, besser Rachen- oder Nasen-Rachen-Spülflüssigkeit. Zum Abstrich sind hier nur virologische Entnahme-Bürstchen oder -Tupfer geeignet, die im Röhrchen keine Gelzusätze enthalten, wie sie häufig für bakteriologische Untersuchungen verwendet werden. Meist befinden sich in den Röhrchen zusätzlich 0,5–1 mL eines geeigneten Flüssigmediums (z. B. Zellkulturmedium), das der Austrocknung der Probe vorbeugt. Das Entnahmebesteck kann bereits vor der Probenentnahme gekühlt gelagert werden und sollte möglichst unter Kühlung (4–10 °C) umgehend an das Labor gesandt werden.

3.3.5 Bioptate

Für spezielle Fragen einer Virushepatitis wird selten eine virologische Untersuchung von Leberbioptaten oder -stanzen durchgeführt. Dies kann als Spezialuntersuchung, z. B. bei **Verdacht auf eine Enterovirus-Hepatitis,** oder zum **quantitativen Nachweis der intranukleären ccc-DNA des HBV** erfolgen. Bioptate zur virologischen Untersuchung sind stets steril und in Alkohol- und Formaldehyd-freien Medien zu transportieren. Als optimale Transportmedien bieten sich physiologische Kochsalzlösung oder besser Zellkulturmedien (D-MEM, Eagle´s Medium, Hank´s BSS u. ä.) an. Die Probe sollte gekühlt und umgehend in das Labor gesandt werden, ein Einfrieren ist (speziell beim Nachweis viraler RNA) zu vermeiden. War die Probe eingefroren oder vorbehandelt (z. B. bei Nachuntersuchungen aus archivierten pathologischen Proben), so ist dies dem Labor mitzuteilen und im Labor zu dokumentieren.

3.3.6 Forensische Proben

Gelegentlich wird ein virologisches Labor mit der Frage der **Infektiosität einer potentiellen Expositionsquelle für HBV und HCV** (auch HIV-1/-2) konfrontiert. Dies können eingetrocknete Blutspuren auf verschiedenen Trägermaterialien sein, insbesondere Kanülen oder Spritzen, mit denen eine Stichverletzung oder sonstige Expositionen gesetzt wurden (Augenspritzer, oraler Kontakt bei Kleinkindern, Verwendung einer Kanüle als Angriffswerkzeug etc.).

Aufgrund der Verschiedenheit der Proben existieren keine standardisierten Methoden und nur wenige methodische Berichte. Kommerzielle Testmethoden sind für diese Materialien und Anwendungen durchgehend nicht CE-zertifiziert. Dies schränkt die Aussagekraft virologischer Befunde für diese Proben sehr ein. Zusätzlich ist die Lagerungsdauer des Materials oft unbekannt oder beträgt mehrere Tage bis Wochen. Lagerungsbedingungen wie Temperatur und Witterung sind nur im Einzelfall zu ermitteln oder nur abzuschätzen. Die Probenmenge ist meist sehr gering, sodass allein deshalb die Sensitivität der Testdurchführung um einen Faktor 10 bis 1000 verringert sein kann. Eingetrocknetes Vollblut kann durch die Hämolyse einige serologische und direkte Nachweismethoden beeinträchtigen.

Als Richtschnur für das Labor kann empfohlen werden, dass eine nachvollziehbare Dokumentation des Materials erfolgen sollte, also Angaben zur Herkunft, zum Trägermaterial, zur Größe von Spuren oder den abgeschätzten Probenmengen in Kanülen und Spritzen, Aussagen über Hämolyse, Schimmelbefall oder autolytischen Zerfall. Eine forensisch eindeutige Bilddokumentation ist, sofern möglich, empfehlenswert.

Die Probe sollte mit einem für die nachfolgenden Untersuchungen geeigneten Medium aufgenommen werden (beispielsweise PBS mit 0,1% bovinem Serumalbumin, physiologische Kochsalzlösung u. ä.). Auch Lysepuffer zur Nukleinsäure-Extraktion haben sich als sinnvoll bewährt, wenn nachfolgend nur eine NAT erfolgen soll. Die Menge des verwendeten Mediums ist zu dokumentieren (abgeschätzter Verdünnungsfaktor).

Bei der Interpretation von Ergebnissen mit diesen Materialien ist bei der Befundung auf eine eingeschränkte Aussagekraft hinzuweisen, negative Befunde sind unter Vorbehalt mitzuteilen. Aussagekräftig sind eindeutig positive Antigen- (HBs-Antigen, HCV-Core-Antigen) oder NAT-Testergebnisse. Nachweisverfahren für virale RNA sind aufgrund der Degradation der RNA in der Probe häufiger erschwert und damit häufiger falsch-negativ als Nachweise für virale DNA. Antikörper-Befunde sind nur bei eindeutig hoher Signalstärke sicher bewertbar.

Eine ähnliche Einschränkung der Aussagekraft für die Untersuchung besteht für Autopsie- und Sektionsmaterial (z. B. Herzkammerblut zum Infektionsnachweis oder nach Exposition) aufgrund der typischerweise bereits eingetretenen Autolyse und Hämolyse. Besonders die meist stark hämolytischen Proben erschweren serologische Tests und NATs. Für eine NAT kann die Nukleinsäure-Extraktion bei diesen Materialien auch mit einer klassischen Phenol-Chloroform-Methode versucht werden. Prinzipiell gelten für die Zulassung der Testverfahren und deren Aussagekraft die bereits oben genannten Einschränkungen.

3.3.7 Sonstige Probenmaterialien

Als seltenes Material und im Zusammenhang mit besonderen neonatalen Fragestellungen wird Muttermilch mittels NAT auf HCMV-DNA getestet. Untersuchungen von **Muttermilch auf HBV und HCV** im Rahmen von sogenannten Muttermilchbanken ist gerade im Hinblick auf die kommerzielle Vermarktung der Spendermilch kritisch zu beurteilen, da ein Ausschluss der Infektiosität mit hierfür nicht zugelassenen NATs nicht sicher möglich ist.

Die Methode für die selten angeforderte Testung von **Spermaproben,** z. B. im Rahmen einer In-vitro-Fertilisation auf HBV-DNA und HCV-RNA, ist publiziert *[Bradshaw D et al. 2015]*. Dabei ist zu beachten, dass Seminalplasma aufgrund der geringeren Menge an eingebrachter zellulärer DNA nicht so häufig zu Inhibitionen führt wie dies bei Vollsperma-Proben der Fall ist.

Die Untersuchung von **Vollblut und Serum,** das auf spezielle **Filterpapiere** aufgebracht und getrocknet wurde, ist für eine große Zahl serologischer und molekularer Untersuchungen möglich. Diese sogenannten *Dry-Blood-Spots* (DBS oder seltener *Dry-Serum-Spots,* DSS) werden bei epidemiologischen Studien verwendet, aber auch, wenn eine Versendung aus logistischen Gründen ungekühlt erfolgt und sehr lange Zeit dauert. Antikörper, Antigene sowie virale Nukleinsäuren (besonders DNA) sind in diesem getrockneten Zustand sehr stabil, wenn die Trocknung ausreichend ist und zusätzlich ein hygroskopisches Material der speziellen Versandtüte beigegeben wird. Die Sensitivität und die Möglichkeit zur Quantifizierung sind mit DBS eingeschränkt, jedoch sind DBS für qualitative Nachweisverfahren und NATs zur Genotypisierung in der Regel geeignet.

3.4 Methoden der Virusdiagnostik

3.4.1 Nukleinsäure-Amplifikationstechniken

Aufgrund ihrer hohen Sensitivität und Spezifität haben Nukleinsäure-Amplifikationstechniken (NAT) die Anzucht in der Zellkultur fast vollständig abgelöst und stellen bei Viren, bei denen kein Zellkultursystem zur Verfügung steht, neben eventuellen Antigentests die einzige Methode zum direkten Virusnachweis dar. Für alle viralen Erreger einer Hepatitis stehen kommerzielle qualitative NATs zur Verfügung. Zur Beurteilung der Infektiosität, des klinischen Verlaufs oder als Therapiekontrolle können zusätzlich quantitative Tests genutzt werden (besonders bedeutsam bei HBV, HCV, HCMV und HSV-1/-2). Ein Vorteil der NAT ist, dass sie aus sehr **verschiedenen Materialien (Serum, Plasma, Abstriche, Stuhl, Bioptate etc.)** durchgeführt werden kann.

Bei der Verwendung von In-house-Methoden sind die Vorgaben des Medizinproduktegesetzes einzuhalten. Dies betrifft u. a. die grundlegenden Anforderungen nach der europäischen Richtlinie 98/79/EG Artikel 5 Abs. (3), die in den *Common technical specifications* (CTS) für wichtige Untersuchungen (wie z. B. Hepatitis C) dargestellt sind. Für alle Virusnachweise gelten die Richtlinien der Bundesärztekammer zur Qualitätssicherung laboratoriumsmedizinischer Untersuchungen (RiLi-BÄK), speziell die Sektion B3 (Direkter Nachweis und Charakterisierung von Infektionserregern) *[Bundesärztekammer 2013].*

Für allgemeine Vorgaben zur Durchführung, Laboranforderung, räumlichen Trennung, zu Kontrollen etc. einer NAT s. MiQ 01 Nukleinsäure-Amplifikationstechniken (NAT).

Eine NAT besteht aus **mehreren Teilschritten,** von denen jeder einzelne die Effizienz und die Qualität des Gesamtverfahrens beeinflussen kann. Diese Schritte sind (s. MiQ 01: Nukleinsäure-Amplifikationstechniken [NAT]):

- Abnahme, Transport, Materialverteilung und Lagerung der Proben
- Extraktion der Nukleinsäure
- Bei RNA-Viren reverse Transkription
- Amplifikation (mit eventueller Quantifizierung)
- Nachweis (Detektion und evtl. Quantifizierung) der Amplifikate

Die **Validierung einer NAT** soll folgende **Validierungspunkte** umfassen, die durch Familiarisierung, externe Ringversuche und interne Qualitätsmaßnahmen (u. a. Kontrollpanels, Negativ-/Positiv-Kontrollen) erfasst werden: Spezifität, Sensitivität, Präzision, Reproduzierbarkeit, Robustheit.

Die **analytische Sensitivität** (Nachweisgrenze) soll durch den **„95%-Grenzwert"** angegeben werden. Dies ist jene Konzentration des Analyten, bei der 95% der Testläufe mit seriellen Verdünnungen eines internationalen Referenzpräparates, z. B. des WHO-Standards oder eines daran kalibrierten Referenzmaterials, ein positives Ergebnis zeigen.

3.4.2 Nukleinsäure-Sequenzierung

Die Sequenzierung von amplifizierten Genabschnitten dient bei der Diagnostik von Virushepatitiden der Spezifitätstestung, häufiger aber der **Genotypisierung** und **genotypischen Resistenzbestimmung.** Auch zur Aufklärung von **Infektionsketten** und zur Aufdeckung von **Escape-Mutanten** wird sie verwendet.

Prinzipiell kann eine Sequenzierung aus dem Direktamplifikat erfolgen, wenn nur die vorhandene Master-Sequenz von Interesse ist. Hier kann zum Teil schon bereits aufgrund überlappender Signale der Sequenzierläufe auf die Präsenz weiterer gleichzeitig vorhandener, jedoch abweichender Quasispezies geschlossen werden. Zur genaueren Analyse von Quasispezies sind eine Klonierung und eine Sequenzierung von mindestens zehn Einzelklonen notwendig, was jedoch u. a. auch aufgrund gentechnischer Bestimmungen nur Speziallaboratorien vorbehalten ist. Eine weitere Möglichkeit zur Analyse von Quasispezies ist die Verwendung moderner *Deep-sequencing*-Verfahren.

Sollen eine Typisierung oder Resistenzbestimmung im Labor per Sequenzierung durchgeführt werden, so ist die Verwendung von Polymerasen mit ausreichend hoher Lesegenauigkeit anzuraten. Die Validität dieser Analyse wird durch eine Sequenzierung in beide Leserichtungen und die Ermittlung der überlappenden Konsensus-Sequenz gesteigert.

3.4.3 Serologische Methoden

Die Basis der virologischen Hepatitisdiagnostik bilden serologische Verfahren zum **Nachweis virusspezifischer Antigene** und **spezifischer Antikörper der IgG-, IgM- und teilweise IgA-Klasse** (s. MiQ 35: Infektionsimmunologische Methoden). Ausgehend vom Prinzip eines klassischen ELISAs wurden verschiedene automatisierte Systeme dieser Immunassays (IA) entwickelt, die sich in der Verwendung der Trägermaterialien, *Capture*- und Detektionsprinzipien unterscheiden. In den Systemen für Hochdurchsatz-Diagnostik ist der klassische Plattenträger für das *Capture*-Antigen bzw. die *Capture*-Antikörper durch stabile Matrizes oder mobile Partikel (Nanopartikel, superparamagnetische Polymerpartikel) ersetzt. Dies ermöglicht, die Waschschritte mit einer paramagnetischen Partikeltrennung durchzuführen. Im Messformat der Antikörper-Antigen-Bindung sind Sandwich-, μ-*Capture*-, direkte und indirekte Assays vertreten.

Das Messsignal kann durch eine klassische enzymatische Farbreaktion (*Enzyme Immunoassay* EIA), Chemilumineszenz (*Chemiluminescent Immunoassay* CLIA und *Chemiluminescent Microparticle Immunoassay CMIA*), Elektro-Chemilumineszenz (*Electrochemiluminescence Immunoassay* ECLIA) und andere empfindliche Methoden erzeugt werden. Radioimmunassays (RIA) als Detektionsformat werden in der Routinediagnostik nicht mehr eingesetzt.

Das Ergebnis einer serologischen Testung kann quantitativ erfolgen und wird dann normalerweise in Units oder Einheiten pro Milliliter oder Liter (U oder E/mL bzw. L) oder bei Vorliegen eines internationalen Standardpräparates als Internationale Einheit (IE, IU) angegeben. Bei den meisten serologischen Tests genügt eine qualitative Messung, bei der das Signal mit einem numerischen Index (Idx.) oder dem dimensionslosen Verhältnis von Signalstärke der Probe zum Signal der Negativkontrolle (S/N) erfasst wird. Häufiger wird das Verhältnis des Probensignals zu einem definierten *cut-off* als S/CO oder (bei indirekten Assays nach Kehrwertbildung) als CO/S angegeben. Diese dimensionslosen Indices sind – abhängig vom Analyten und dem Testverfahren – nur in schmalen Messbereichen linear und können in der Regel nicht als quantitativer Maßstab gelten. Bei einigen einstufigen Assays kann eine sehr hohe Konzentration eines Antigens mit einer Verringerung des Signals einhergehen (Hook-Effekt, Prozonen-Effekt). Dessen ungeachtet ist die Mitteilung der dimensionslosen Messwerte im ärztlichen Befund neben der ärztlichen Beurteilung der Reaktivität (positiv/negativ) auch bei qualitativen Verfahren ein wichtiger und nachvollziehbarer Hinweis auf die Wahrscheinlichkeit einer korrekten Positivität oder Negativität und lässt daher Aussagen über möglicherweise unspezifisch reaktive oder falsch-negative Ergebnisse zu (➤ Kap. 3.6) *[Polywka S et al. 2001]*.

3.4.4 Aviditätstestung

Ein in der Diagnostik zunehmend bedeutsamer Parameter ist die Avidität der spezifischen IgG-Antikörper. Die Avidität ist ein **Maß für die Gesamtaffinität multipler nicht-kovalenter Bindungen,** im Falle der Antikörper-Antigen-Bindung das Produkt aus Bindungsstellen und Affinität (bei IgG also beispielsweise Affinität mal Faktor 2, bei IgM Faktor 10). Die Affinität ist umso höher, je geringer die Dissoziationskonstante der Bindung, also umso fester die Bindung ist.

Nach einem Erstkontakt mit einem Antigen werden zunächst IgG-Antikörper mit niedriger Avidität gebildet und diese erst nach Wochen bis Monaten durch Optimierung der Paratope zunehmend durch Antikörper hoher Avidität ersetzt. Entsprechend ist der Nachweis spezifischer IgG-Antikörper niedriger Avidität ein Hinweis auf eine frische Infektion, während eine hohe Affinität auf eine länger zurückliegende Infektion hindeutet.

Zur Messung der Avidität im serologischen Labor werden chaotrope Substanzen in ansteigender Konzentration der Probe hinzugegeben und dann vergleichend in einem Immunassay gemessen. Zum Teil kommen auch kompetitive Aviditäts-Assays zum Einsatz. Der Messwert der Avidität wird, bezogen auf eine Antikörperprobe mit maximaler Avidität, in Prozent angegeben. Eine maximale Avidität wird durch einen Messwert von 100% angezeigt.

Bei einigen Infektionen ist der Nachweis von IgM kein sicheres Zeichen einer frischen Infektion, sondern tritt auch bei Reaktivierungen (HCMV), chronischen Infektionen (HBV, HCV) oder als lange IgM-Persistenz (Rötelnvirus) auf. Für das Rötelnvirus und das HCMV sind kommerzielle Aviditäts-Assays in der Routinediagnostik im Einsatz, wobei die Aviditätsbestimung von Anti-CMV-IgG für die Hepatitisdiagnostik bedeutsam ist. Für Anti-HBc-IgG *[Rodella A et al. 2006]* und Anti-HCV-IgG *[Gaudy-Graffin C et al. 2010]* wurden Aviditätsmessungen untersucht, fanden aber bislang, trotz bestehender problematischer Differenzierung zwischen akuter und chronischer HBV- bzw. HCV-Infektion, keinen Eingang in die Routinediagnostik.

3.4.5 Immunblot

Immunblots zur **Spezifitätstestung von IgG und IgM** werden in der Routinediagnostik häufig verwendet und müssen in jedem Labor, das die Testung mittels Immunassays anbietet, durchgeführt werden können. Die Routinetechnik ist mittlerweile überwiegend nicht mehr der aufwendige klassische Western Blot, sondern meist ein Line-Blot-Verfahren, bei dem die Antigene bereits auf Trägerstreifen getrennt aufgebracht sind und sich die Testdurchführung auf Inkubations-, Wasch- und Detektionsschritte beschränkt. Neben der einfacheren Handhabung und besseren Reproduzierbarkeit bieten Line-Blots die Möglichkeit einer Testkontrolle durch zusätzlich aufgebrachte Kontroll-Antigene. Immunblots sind bedeutsam bei der Spezifitätstestung von Anti-HCV-Ig, Anti-HCMV-IgM, EBV-VCA-IgM und EBV-EA-IgM. Beim HCMV hat die Differenzierung von Anti-HCMV-gB-Antikörpern (Glykoprotein B) im Immunblot eine zusätzliche Bedeutung bei der Unterscheidung einer frischen Infektion von einer Reaktivierung und für die Diagnose einer konnatalen HCMV-Infektion.

3.4.6 Immunfluoreszenztest

Methoden mit direkter oder indirekter Immunfluoreszenz (IFT) haben in der Routinediagnostik der Virushepatitis eine marginale Bedeutung. Bei bestimmten Fragestellungen im Bereich der Transplantationsvirologie wird als Anwendung eines IFT in der Routinediagnostik noch die Bestimmung des HCMV-pp65-Antigens in Lymphozyten des Buffy-Coats durchgeführt. Seine Bedeutung ist aber mit dem Aufkommen kommerzieller Verfahren zur quantitativen HCMV-DNA-Bestimmung im Serum sehr zurückgegangen. Seine Aussagekraft und Vergleichbarkeit zwischen verschiedenen Laboratorien ist auch gegenüber der NAT stark eingeschränkt und die Interpretation des pp65-Nachweises ist bei lymphopenen Patienten zusätzlich erschwert *[Mhiri L et al. 2007, von Müller L et al. 2007]*.

3.4.7 Anzucht in der Zellkultur

Eine Anzucht und Identifizierung in der Zellkultur hat bei der Virusdiagnostik in der Routine kaum noch eine Bedeutung.

Für HEV und HCV existieren keine zuverlässigen Anzuchtverfahren nativer Viren aus Patientenmaterial. Bei speziellen Fragestellungen ist eine Anzucht von HAV möglich. Bei **HCMV** und **HSV** wird die Vermehrung in der Zellkultur zur phänotypischen Resistenzbestimmung gegenüber verschiedenen antiviralen Wirkstoffen verwendet und ist daher neben der häufiger anzutreffenden genotypischen Resistenzbestimmung weiterhin von Bedeutung.

Für das HBV existieren ebenfalls keine Zellkulturtechniken für die Routine. In der Forschung und in Speziallaboratorien sind für die phänotypische Resistenztestung sowie Infektions- und Neutralisations-Assays Zellkultursysteme etabliert. Diese verwenden primäre Hepatozyten aus *Tupaia belangeri* (Nördliches Spitzhörnchen) oder humanen Ursprungs.

Bei einer **Enterovirus- oder Adenovirus-Hepatitis** kann z. B. für eine Typisierung zunächst eine Anzucht durchgeführt werden, da diese ähnlich wie Herpesviren sehr gut auf verschiedenen Zelllinien propagiert werden können. Alternativ oder zusätzlich erfolgt häufiger eine Genotypisierung durch Sequenzierung aus dem Originalmaterial, wenn die Virusmenge in der Probe dies zulässt.

Für die Virusanzucht existiert kein einheitliches Zellsystem, das alle infrage kommenden Viren nachweisen kann. Deswegen wird für alle im spezialisierten Labor anzüchtbaren Viren, die potentiell als Erreger einer Hepatitis angesehen werden, ein Genomnachweis durch NAT als spezifischere und sensitivere Methode empfohlen *[Mertens T et al. 2004]*.

3.4.8 Mikroskopische Untersuchung

Im Labor hat die mikroskopische Untersuchung bei Hepatitis unklarer Ursache keine Bedeutung. Mitglieder der *Herpesviridae* sind unter günstigen Umständen im Transmissions-Elektronenmikroskop aufgrund ihrer typischen Morphologie und Größe gut erkennbar, HSV insbesondere nach Anzucht in der Zellkultur. Die histopathologische Untersuchung einer Leberbiopsie kann in Einzelfällen Hinweise liefern, jedoch hat diese pathologische Untersuchung nicht den spezifischen Erregernachweis zum Ziel.

Elektronenmikroskopische Untersuchungen von Stuhl sind in der Routinediagnostik bei HAV und HEV nicht üblich, da sie den etablierten Immunassays und NATs hinsichtlich Spezifität und Sensitivität unterlegen sind.

3.5 Störanfälligkeit virologischer Nachweismethoden

Prinzipiell kann jede Labordiagnostik durch störende Faktoren in der Probe selbst, während der Probenentnahme, der Lagerung oder beim Transport fehlerhafte Resultate liefern. Im Labor kommen noch mögliche Fehlerquellen bei der Probenaufbereitung, Testdurchführung und Dateneingabe hinzu. Neben der Vermeidung bekannter Fehlerquellen im Labor wie Kontaminationen einer NAT, Probenverwaltung, Probenstabilität etc. (s. MiQ 01: Nukleinsäure-Amplifikationstechniken [NAT] und MiQ 30: Qualitätsmanagement im medizinisch-mikrobiologischen Laboratorium), werden im Folgenden spezifische Fehlerquellen der virologischen Hepatitisdiagnostik ergänzend aufgeführt.

3.5.1 Inhibition des Nukleinsäure-Nachweises

Die Anwesenheit von verschiedenen Substanzen in der Probe können die Extraktion, die reverse Transkription oder die Amplifikation bei einer NAT inhibieren. Dies führt trotz vorhandener viraler RNA bzw. DNA zu falsch-negativen Ergebnissen. Eine Reihe von Inhibitoren sind bekannt, darunter auch das bei einer Hepatitis häufig im Serum erhöhte **Bilirubin** *[Kreader CA 1996]*. Die bei einer intravital oder erst nach Probenentnahme entstandenen Hämolyse freigesetzten **Hämine** hemmen ebenfalls den Nachweis per NAT. In lipidreichen Serum- oder Plasmaproben kann es zusätzlich zu einer **Anreicherung von Virionen und Virusantigenen in der lipophilen Phase** kommen (speziell bei HCV), was nach der üblichen Zentrifugation zu einer fehlerhaften Quantifizierung führen kann.

Im virologischen Labor ist es daher empfehlenswert, sichtbare Besonderheiten präanalytisch zu prüfen und diese beispielsweise als „ikterisch", „hämolytisch" oder „lipämisch" zu dokumentieren. Das Mitführen von Extraktions- und Inhibitionskontrollen ermöglicht die Differenzierung zwischen unzureichender Extraktion und einer Inhibition bei negativem Testergebnis.

Bei bereits sichtbar **hoch-ikterischen Proben** (Bilirubin >10 mg/dL) einer akuten Hepatitis kann eine zusätzliche NAT-Testung mit einer 1:10 mit PBS o. ä. verdünnten Probe empfehlenswert sein, um die Inhibition zu überwinden. Dies gilt speziell für HAV- und HEV-RNA-Nachweise.

Zahlreiche **Substanzen insbesondere im Stuhl** führen zu einer Inhibition des Nukleinsäure-Nachweises und damit falsch-negativen Resultaten. Zu diesen vielfältigen Inhibitoren gehören neben Stoffen aus der Nahrung oder Medikamenten regelmäßig die Salze der Gallensäuren (z. B. Cholate) und das Bilirubin. Im Einzelfall bleiben die konkreten Inhibitoren meistens unbekannt. Bei Inhibition kann eine Wiederholung der Messung nach Verdünnung der Stuhlaufschwemmung im Verhältnis 1:5 oder 1:10 versucht werden. Dies geht mit einer entsprechend geringeren Sensitivität der NAT einher, was aber im akuten Erkrankungsstadium durch die hohen Viruskonzentrationen im Stuhl und der primär hohen Sensitivität einer NAT ihre Aussagekraft nicht wesentlich einschränkt. Häufigen Inhibitionen in solchen Testsystemen kann man dadurch begegnen, indem man generell das Aufschwemmungsvolumen im Rahmen einer akzeptablen Sensitivität vergrößert oder Extraktionsmethoden verwendet, die für diese Anwendung Inhibitoren effektiver entfernen und reinere Nukleinsäure-Eluate liefern.

3.5.2 Mutationen und Genotypen

Der Nachweis viraler Antigene und Genome wird durch die genetische Variabilität von Viren erschwert. Diese genetische Vielfalt manifestiert sich in verschiedenen Genotypen und Genosubtypen von Virusspezies wie auch in einer fortdauernden Entstehung neuer Mutationen. Dabei sind speziell Mutationen, die durch den Selektionsdruck einer Therapie bedingt sein können, virale Quasispezies innerhalb eines infizierten Individuums sowie stabil übertragene Mutanten und Rekombinanten von Bedeutung.

Bei einer NAT kann die Zielsequenz so verändert sein, dass verwendete Primer nicht mehr oder nur ineffizient binden. Dies kann zu falsch-negativen Ergebnissen oder Unterquantifizierungen führen.

Die Problematik von Genotypen und Varianten bei der Anwendung von Antigentestverfahren ist bei HBV evident, da das HBs-Antigen in seiner äußeren Domäne aufgrund einer Immunselektion oder Therapie häufig mutiert. HBsAg-Tests können falsch-negative Testergebnisse liefern oder es können die Quantifizierung des HBsAg bei verschiedenen Genotypen und Mutanten in Größenordnungen falsch bestimmt werden *[Gerlich WH et al. 2013, Verheyen J et al. 2012]*. Diesem Problem wird seit einigen Jahren bei den meisten kommerziellen Testsystemen durch die Verwendung mehrerer *Capture*-Antikörper gegen verschiedene Epitope oder die Nutzung innerer HBsAg-Domänen als Ziel-Epitop begegnet, die weniger Genotypen-abhängig und in erheblich geringerem Maße von Mutationen betroffen sind.

3.6 Bewertung der Untersuchungsergebnisse und Befundmitteilung

3.6.1 Kritische Interpretation der Gesamtbefunde

Einzelne Testergebnisse sind in der virologischen Diagnostik für eine eindeutige Interpretation und Diagnose häufig nicht ausreichend. Für die Diagnose ist meist die **Gesamtbeurteilung mehrerer Einzelanalyte notwendig,** im einfachsten Fall IgG- und IgM-Befunde, aber auch die **Kombination von indirekten und direkten Nachweismethoden.** Sind Einzelergebnisse, bezogen auf einen Erreger, widersprüchlich oder ungewöhnlich, so ist dies, wenn möglich, weiter abzuklären oder zumindest in der Befundinterpretation zu thematisieren. Typisch für abweichende Befundmuster ist beispielsweise eine gleichzeitige Positivität von EBNA-1-IgG und EBV-VCA-IgM oder der gleichzeitige Nachweis von HBs-Antigen und Anti-HBs (Einzelheiten: ➤ Kap. 4 bis ➤ Kap. 9).

Zusätzlich können **Kombinationen von positiven Testergebnissen gegebenenfalls verschiedener Erreger** Anlass zur besonders kritischen Befundung geben, beispielsweise **mehrere reaktive IgM-Befunde** (➤ Kap. 3.6.2) oder das serologische Muster einer akuten Infektion bei gleichzeitig negativem Direktnachweis (wenn dieser als positiv zu erwarten ist) und positivem Direktnachweis eines anderen Erregers.

Zur Befundung von Ergebnissen aus einer aktuellen Probe gehört auch ein **Abgleich mit Vorbefunden des Patienten,** wenn diese dem Labor vorliegen. Auch hier können Widersprüchlichkeiten auftauchen, beispielsweise die Negativierung eines zuvor positiven Resultats (Verlust einer vorbestehenden Anti-HCMV-, Anti-HBc- oder EBNA-1-IgG-Positivität). Dies kann auch ein Hinweis auf eine Probenverwechslung oder auf zuvor passiv erworbene Antikörper sein.

Die Gesamtbefunde sind daher kritisch zu bewerten, ungewöhnliche Konstellationen sind zu vermerken und, wenn möglich, mit weiteren Tests oder Verlaufsproben zu klären.

3.6.2 Reaktive IgM-Tests

Die Interpretation reaktiver IgM-Befunde bereitet in der Labordiagnostik häufig Probleme. Jede Interpretation eines IgM-Befundes hat bereits durch den Laborarzt sehr kritisch zu erfolgen, da aus einem als positiv interpretierten reaktiven IgM-Test meist die Diagnose einer frischen Infektion gestellt wird und gleichzeitig viele **IgM-Testverfahren besonders störanfällig** sind.

Dies nimmt auch aufgrund einer möglicherweise unkritischen Übernahme von Laborbefunden („Laborgläubigkeit") unmittelbar auf die ärztlichen Entscheidungen des Einsenders Einfluss und zieht bei vielen Virusinfektionen eine Meldepflicht gemäß § 7 IfSG nach sich. Das gilt besonders für Testergebnisse mit niedrigem Index, im Bereich des Grenzwertes oder mit unpassender klinischer Symptomatik und widersprüchlichen klinisch-chemischen Befunden. Für die Labordiagnostik der Virushepatitiden gilt diese Vorsicht speziell für die Interpretation von Anti-HEV-IgM, Anti-HAV-IgM, Anti-HBc-IgM, EBV-VCA-IgM, EBV-EA-IgM und HCMV-IgM.

Die **geringe Spezifität der IgM-Antikörper** ist in ihrer immunologischen Funktion und Eigenschaft angelegt und nicht in jedem Fall Ausdruck unzureichender Testverfahren. Eine Überprüfung der Spezifität des IgM kann bei einigen IgM-Spezies im Immunblot erfolgen, so für HEV, EBV und HCMV. Dabei ist jedoch die deutlich geringere Sensitivität von Immunblots gegenüber den meisten kommerziellen EIA-Verfahren zu berücksichtigen sowie der Umstand, dass selbst der im Immunblot gesicherte Nachweis spezifischer IgM-Antikörper nicht in jedem Fall auf die jeweilige Infektion zurückgeführt werden kann. Letzteres ist beispielsweise bei verschiedenen lymphoproliferativen Malignomen als paraneoplastisches Phänomen bekannt, bei denen je nach Lymphozyten-Klon erregerspezifisches IgM produziert werden kann. Eine ähnliche, aber weithin bekannte Problematik bietet sich bei einer frischen EBV-Infektion (Infektiöse Mononukleose), bei der oft spezifisches IgM, das gegen verschiedenste Erreger gerichtet ist, nachgewiesen werden kann. Gleiches gilt, wenn auch nicht so häufig, für eine frische HCMV-Infektion.

Unspezifisch reaktive IgM-Testergebnisse findet man gehäuft bei Schwangeren, bei Patienten mit rheumatologischen Systemerkrankungen, Kollagenosen, Autoimmunerkrankungen, Hypergammaglobulinämie und bei polytransfundierten Patienten. Bei Letzteren ist eine Interpretation eines positiven Serostatus für die meisten Erreger aufgrund des passiven IgG-Erwerbs für die ersten Wochen nach der letzten Transfusion nicht sinnvoll oder nur sehr eingeschränkt möglich.

Auch verschiedene **Infektionskrankheiten** können zu unspezifischen IgM-Reaktivitäten gegenüber anderen Erregern führen. Dies kann – neben der oben erwähnten spezifischen Reaktivität bei EBV und HCMV – bei Infektionen mit Spirochäten (*Treponema* spp., *Borrelia* spp. und *Leptospira* spp.), einigen Parasiten (v. a. *Plasmodium* spp.) und einer frischen Parvovirus B19-Infektion beobachtet werden. Auch chronische HCV- und HBV-Infektionen können zu einem vermehrten Auftreten einer unspezifischen Reaktivität in serologischen Testverfahren für weitere Erreger führen.

Für die Diagnostik der Virushepatitiden sind die Malaria und die in Deutschland seltene Leptospirose (Morbus Weil und Weil-ähnliche Erkrankungen) deswegen bedeutsam, da erkrankte Patienten laborchemisch zusätzlich Zeichen einer Hepatitis zeigen und diese Infektionskrankheiten gleichzeitig zur unspezifischen Reaktivität von Anti-HBc-IgM, Anti-HAV-IgM und Anti-HEV-IgM führen können.

Für die Praxis kann die Faustregel gelten, dass bei mehr als einem reaktiven IgM-Testergebnis für verschiedene Viren in einer Probe entweder alle oder bis auf eine Ausnahme alle als unspezifisch und damit falsch-positiv gewertet werden können. Eine solche serologische Konstellation scheinbar simultaner Koinfektionen, ist in jedem Fall kritisch zu hinterfragen.

Fehlinterpretationen können meist dadurch vermieden werden, dass bei unklaren IgM-Befunden stets eine **frische EBV- und HCMV-Infektion ausgeschlossen** und zusätzlich ein **direkter Erregernachweis** angestrebt werden sollte. In manchen Fällen kann auch die Empfehlung an den anfordernden Arzt zur Einsendung einer weiteren Probe im Verlauf einiger Tage sinnvoll sein, wenn sich im Fall einer frischen Infektion signifikante Veränderungen des Serostatus erwarten lassen.

Bei der Befundmitteilung empfiehlt es sich, auch die qualitativen serologischen Ergebnisse mit dem gemessenen **Indexwert (Idx., S/CO oder CO/S) mitzuteilen.** Nur so können bei späteren Untersuchungen und auch durch den Einsender ein Verlauf oder eine mögliche Unspezifität nachvollzogen werden. Der dimensionslose Indexwert ist dabei kein quantitativer Messwert gemäß RiLi-BÄK, sondern gibt einen rationalen Hinweis auf die Wahrscheinlichkeit einer echten Positivität oder eines falsch-negativen Ergebnisses des jeweiligen Tests. Bei der Bestimmung des Anti-HBc-IgM ist dies besonders zu fordern, da nur anhand der Höhe des Index mit einer gewissen Wahrscheinlichkeit eine akute HBV-Infektion angenommen werden kann *[Thibault V et al. 2013]*. Auch das Anti-HBc ist im unteren Bereich der Signalstärke ein problematischer Parameter, sodass auch hier die Angabe von Indices hilft, Fehlinterpretationen zu vermeiden *[Schüttler CG et al. 2012]*.

Reaktive IgM-Ergebnisse sind nur dann gegebenenfalls nach §7 IfSG meldepflichtig, wenn sie „auf eine akute Infektion hindeuten", d. h. wenn ein reaktives IgM vom Laborarzt als **positiv** interpretiert wird und damit als korrektes Ergebnis die Labordiagnose einer Infektionskrankheit bestätigt. Gibt es Zweifel an der Reaktivität eines IgM-Tests und muss eine Verlaufsprobe angefordert oder ein zusätzlicher Test durchgeführt werden, so gilt die Labormeldepflicht erst mit der endgültigen Feststellung der virologischen Diagnose. Bis dahin wird das Testergebnis nicht als **positiv** interpretiert, sondern nur als **reaktiv** ohne weitergehende ärztliche Interpretation beschrieben.

3.6.3 Befundmitteilung

Der schriftliche Befund muss in einer Zusammenfassung der Ergebnisse aller Untersuchungen synoptisch darstellen, ob eine akute, chronische oder ausgeheilte Erkrankung durch eine nachgewiesene Virusinfektion vorliegt. Weiterhin muss darauf eingegangen werden, ob gegebenenfalls eine Immunität nach Impfung (Impfschutz) oder nach früherer Infektion besteht. Zudem sollte gegebenenfalls auf weiterführende Diagnostik hingewiesen werden.

Zum schnellen Einleiten hygienischer Maßnahmen soll jeder **Nachweis einer akuten Hepatitis A und E** dem Einsender **unverzüglich telefonisch** mitgeteilt werden. Ebenso sollte der erstmalige **direkte Erregernachweis von HBV und HCV** schnellstmöglich übermittelt werden. Das Telefonat wird unter der Angabe des Anrufers, der angerufenen Person, des Datums, der Uhrzeit und des stichpunktartig mitgeteilten Ergebnisses **protokolliert.** Dieses Protokoll sollte auch im schriftlichen Befund aufgeführt werden.

Auf dem Befund sind die verwendete Testmethode, die Nachweisgrenze einer NAT und möglichst auch der *cut-off* oder Grenzbereich einer serologischen Untersuchung anzugeben. Der Begriff „Normalwert“ auf virologischen Befunden ist unüblich und nicht sachgerecht, da die Prävalenz einiger virusspezifischer Antikörper in der Normalbevölkerung so hoch ist, dass gerade ein negativer Befund eine wichtige Ausnahme darstellt.

Die Ergebnisdarstellung einer quantitativen NAT soll sich an internationalen Referenzpräparaten, z. B. WHO-Standards oder kalibrierten Referenzmaterialien, orientieren und entsprechend in Internationalen Einheiten (IU/mL, IU/L) angegeben werden. Werden andere Einheiten (z. B. Genome (Ge)/mL, Kopien/mL) angegeben, so ist der Umrechnungsfaktor zum internationalen Standard anzugeben, wenn dieser abweichend und bekannt ist.

Serologische Tests werden als **reaktiv, nicht reaktiv** oder – ärztlich interpretiert – als **positiv** und **negativ** mitgeteilt. Zusätzlich kann auch mit grenzwertig, indifferent, spezifisch, unspezifisch, falsch-negativ oder falsch-positiv interpretiert werden, wenn zusätzliche Testergebnisse dies ergeben. Bei vielen serologischen Ergebnissen ist die Angabe des Index (oder S/CO) sehr von Vorteil, bei einigen notwendig (s. unten).

Vorteilhaft ist die Angabe der Untersuchungsindikation oder infektiologischen Fragestellung des Einsenders auf dem Befund, sofern diese mitgeteilt wurden. Bei Nichtangabe kann auch das Fehlen einer solchen vermerkt werden, um eine eventuell eingeschränkte Interpretationsfähigkeit der Befunde oder eine eingeschränkte Stufendiagnostik nachzuvollziehen.

4 Hepatitis-A-Virus

4.1 Erreger

Das Hepatitis-A-Virus (HAV) ist der einzige Vertreter der Gattung *Hepatovirus* innerhalb der Familie der *Picornaviridae*. Wie alle Picornaviren besteht das Virion des HAV aus einem unbehüllten, ikosaedrischen Kapsid und umschließt eine lineare, einzelsträngige RNA mit positiver Polarität. Das Genom des HAV besitzt eine Länge von etwa 7500 Nukleotiden und beinhaltet einen einzigen großen Leserahmen, der für ein großes Polyprotein kodiert. Durch proteolytische Spaltung und Prozessierung dieses Polyproteins werden die einzelnen Virusproteine freigesetzt. Das Virion des HAV ist etwa 28 nm im Durchmesser groß und auch im Vergleich zu anderen Picornaviren äußerst umweltstabil. Das HAV bleibt bei einem pH-Wert von 1 über mehrere Stunden stabil, sowie bei 60 °C für 60 Minuten und selbst nach mehreren Stunden bei 60 °C kann noch eine Restinfektiosität nachgewiesen werden *[Hollinger FB und Emerson SU 2007]*.

In reifen Partikeln konnten bislang drei Virusproteine VP1, VP2 undVP3 nachgewiesen werden. Das Virus tritt weltweit mit nur einem Serotyp auf. Die Proteine VP1 und VP3 bilden gemeinsam das nach außen gerichtete Epitop für die serotypischen Eigenschaften und sind damit auch die Zielstruktur für neutralisierende Antikörper. Eine immunologische Kreuzreaktion zu Mitgliedern der Gattung *Enterovirus*, dem das HAV anfangs zugeordnet war, besteht nicht.

Auf der Basis der Nukleotidsequenzen des VP1 werden bislang sieben Genotypen I–VII definiert, davon drei autochthon beim Menschen (I, III und VII) und drei bei anderen Primaten [IV, V und VI] *[Cristina J et al. 2007]*. Der Genotyp II nimmt als wahrscheinliche Rekombinante des Genotyps I und VII eine Zwischenstellung ein und ist nicht ursprünglich human. Von diesen Genotypen existieren derzeit zusätzlich sechs Genosubtypen IA/B, IIA/B und IIIA/B. Die meisten humanen Isolate sind dem Genotyp I (wobei hier der Genosubtyp IA dominiert) und III zuzuordnen.

4.2 Epidemiologie

Der Infektionsweg von HAV ist in der Regel **fäkal-oral,** wobei die Aufnahme von kontaminiertem Trinkwasser, kontaminierten Nahrungsmitteln oder kontaminierten Oberflächen in Betracht kommen. Ausbruchsgeschehen durch infektiöse Personen bei nicht ausreichender Hygiene in lebensmittelverarbeitenden Betrieben (Bäckereien und ähnliche Betriebe) sind beschrieben, ebenso Übertragungen durch Speisen, die von infizierten Personen zubereitet wurden *[Jilg W 2002].* HAV-Infektionen sind auch nach sexuellen Kontakten im Rahmen von analem und oro-analem Verkehr beschrieben. Sehr selten ist eine parenterale Übertragung bei i. v. Drogenabhängigen (IVDU); Einzelfälle einer HAV-Übertragung durch Blutprodukte von asymptomatischen aber bereits virämischen Blutspendern sind beschrieben.

Die Inzidenz der Hepatitis A ist in Ländern mit schlechten hygienischen Bedingungen und geringer Impfquote hoch, ein geringer Teil der weltweiten Fälle tritt in entwickelten Industrieländern auf. In Deutschland ist die Hepatitis A eine typische, importierte Reiseinfektion bei ungeimpften Personen, etwa 40% der 2009 gemeldeten HAV-Infektionen waren im Ausland erworben *[RKI 2009].* Ausgehend von diesen kann es dann zu kleinräumigen Ausbrüchen im familiären Umfeld und in Gemeinschaftseinrichtungen kommen. Ein erhöhtes Risiko besteht bei suszeptiblen (Anti-HAV-IgG-negativen) Personen im Bereich der Säuglings- und Kleinkindbetreuung, bei Laborpersonal (Stuhluntersuchungen) sowie bei anderen beruflichen Expositionen gegenüber potentiell infektiösen Ausscheidungen (Kanalisationsarbeiten, Klärwerke etc.). In Deutschland sind etwa **48% der Erwachsenen seropositiv** und damit immun. Die Seropositivität ist dabei altersabhängig und beträgt bei Jugendlichen und jungen Erwachsenen etwa 21%, ab dem 70. Lebensjahr etwa 83% *[Poethko-Müller C, Bundesgesundheitsblatt 2013].*

4.3 Infektionsverlauf

Nach einer Inkubationszeit von zwei bis sechs Wochen manifestiert sich eine akute Hepatitis, die sich klinisch nicht von einer durch die anderen hepatotropen Viren HBV, HCV und HEV hervorgerufenen akuten Hepatitis unterscheidet. Hauptreplikationsort des Erregers ist die Leber, eine zusätzliche Replikation im Intestinaltrakt wird diskutiert. Ein bis zwei Wochen vor Ausbruch der Erkrankung wird bereits infektiöses Virus in großer Menge im Stuhl ausgeschieden, das durch biliäre Sekretion der Virionen vom Leberparenchym in das Darmlumen gelangt. Mit Ausbruch der akuten Hepatitis (Ikterus, Transaminasenerhöhung) ist HAV-Antigen im Stuhl nur noch bei etwa der Hälfte der Patienten nachweisbar. Einen Monat nach Beginn der Erkrankung gelingt ein Nachweis von Virusantigen aus Stuhl meistens nicht mehr.

Bei Kleinkindern (< 5 Jahre) verlaufen etwa 90% der Infektionen klinisch inapparent. Mit steigendem Alter nimmt die Zahl symptomatischer Erkrankungen zu, wobei auch bei Erwachsenen noch ein Viertel der Infektionen klinisch stumm verläuft. Die Hepatitis A verläuft zumeist gutartig und chronifiziert nicht. Die Inzidenz der seltenen fulminanten (0,1%) – dann oft tödlich verlaufenden – Hepatitis-A-Infektionen nimmt mit steigendem Lebensalter zu. Bei den über 40-Jährigen steigt der Anteil der fulminanten Verläufe auf 2% *[Jilg W. 2010]*. Besondere Gefahr besteht bei zusätzlich bestehender chronischer HBV- oder HCV-Infektion oder einer durch andere Erkrankungen stark vorgeschädigten Leber. Protrahierte Verläufe mit anhaltender Virusausscheidung kommen bei Säuglingen und selten in höherem Lebensalter vor, hier vor allem bei Immundefizienten.

4.4 Prophylaxe und Therapie

Eine Expositionsprophylaxe durch die Vermeidung von gegebenenfalls kontaminierten Speisen, Säften oder Wasser in Ländern mit endemisch hohen HAV-Prävalenzen kann vor HAV-Infektionen schützen. Zur Vermeidung von Übertragungen sollte auf eine vermehrte Händehygiene mit Händewaschen und Händedesinfektion geachtet werden. Da HAV als nicht-umhülltes Virus eine hohe Stabilität gegen Desinfektionsmittel aufweist, sollen viruzide Desinfektionsmittel verwendet werden *[VAH 2015]*. Eine passive Impfung mit einem Hyperimmunglobulin als auch eine aktive Immunisierung mit einem Totimpfstoff stehen zur Verfügung (STIKO). Die bei zweimaliger Applikation gut verträgliche Impfung führt zu einem guten und gegebenenfalls lebenslang anhaltenden Schutz. Eine spezifische Therapie gegen HAV steht momentan nicht zu Verfügung. Die Behandlung erfolgt symptomatisch. Lebertoxische Medikamente und Alkohol sollen vermieden werden.

4.5 Virusdiagnostische Methoden

Für die Diagnostik stehen verschiedene immunologische Nachweisverfahren für Anti-HAV-IgG und -IgM, sowohl einzeln als auch im kombinierten Nachweis als Anti-HAV-Gesamt-Ig zur Verfügung. Für den direkten Virusnachweis existieren HAV-Antigentests zum Nachweis von HAV-Kapsid-Antigenen im Stuhl und PCR-Verfahren zum Nachweis von HAV-RNA in Stuhl und Serum bzw. EDTA-Plasma. Für die virologische Diagnose einer akuten HAV-Infektion sind in der Routinediagnostik die Antikörpernachweise ausreichend.

Zur Bestätigung einer akuten HAV-Infektion genügt bei Verwendung einer HAV-NAT ein qualitatives Verfahren. Nur bei komplexeren klinischen Fällen wie einem fulminanten Verlauf, einer zusätzlichen Koinfektion mit HBV oder HCV oder einer bestehenden schweren Immundefizienz kann eine Quantifizierung nützlich sein. Die üblichen Viruskonzentrationen beim quantitativen Nachweis von HAV-RNA liegen im Serum zwischen 1000 und 40.000 Gäq/mL *[Normann A et al. 2004]*.

4.5.1 Serologische Nachweise

Anti-HAV-IgG- und -IgM-Antikörper werden ab der Prodromal- und frühen Erkrankungsphase gebildet und sind zum Zeitpunkt der Erkrankung nachweisbar. Die für serologische Untersuchungen vorgesehenen Serum- und Plasmaproben sollen zügig – innerhalb von 48 h – bei Raumtemperatur zum Labor transportiert werden. Erfolgt keine sofortige Untersuchung, sollte das Material bei −20 °C gelagert werden. Zur serologischen Untersuchung werden kommerziell erhältliche Immunassays verwendet. Alle kommerziell erhältlichen Immunassays erkennen den Serotyp des HAV sowie alle drei humanen Antigen-Varianten sicher.

Unspezifisch reaktive Anti-HAV-IgM-Ergebnisse sind nicht selten; eine Reaktivität sollte daher immer durch eine Bestimmung der Anti-HAV-Gesamt-Ig oder des Anti-HAV-IgG ergänzt werden. Ein (oft niedrig) reaktives Anti-HAV-IgM ohne nachweisbares Anti-HAV-IgG sollte an eine unspezifische Reaktion denken lassen und bedarf einer weiteren Abklärung mit einer Verlaufsprobe innerhalb weniger Tage oder einer NAT.

4.5.2 Nachweis viraler Antigene

Ein Nachweis von HAV-Antigenen ist mit kommerziell erhältlichen EIAs aus dem Stuhl möglich. HAV ist sehr resistent gegen Austrocknung. Seine Infektiosität nimmt in Faeces nur wenig ab *[Abad FX et al. 1995]*. HAV-haltige Stuhlproben und Stuhlaufschwemmungen können ohne nennenswerte Einbußen bei −20 °C für mehrere Monate aufbewahrt werden. Der Transport zum Labor sollte zügig bei Raumtemperatur in speziellen Stuhlröhrchen erfolgen. Wird die Analyse innerhalb einer Woche durchgeführt, kann das Material bei 4 °C aufbewahrt werden, darüber hinaus bei −20 °C.

4.5.3 Nukleinsäurenachweis

Eine NAT zum Nachweis von HAV-RNA aus Stuhl, EDTA-Plasma und Serum ist mit kommerzieller oder In-house-NAT möglich. Für die Untersuchung ist eine möglichst zügige Versendung an das untersuchende Labor zu empfehlen. Der Transport sollte innerhalb von 48 h erfolgen.

Die NAT zum Nachweis von HAV-RNA wird auch zur Untersuchung von Blutprodukten angewandt. HAV-RNA aus Serum kann bei akuter Infektion bereits 18 bis 34 Tage vor dem frühestmöglichen Nachweis von Anti-HAV-IgM nachgewiesen werden *[de Paula VS et al. 2004]*.

4.6 Untersuchungsindikationen

4.6.1 Immunitätsabklärung

Ein positives Anti-HAV-IgG oder positives Anti-HAV-Gesamt-Ig bei jeweils negativem Anti-HAV-IgM weist auf eine bestehende Immunität nach früherer Infektion oder eine erfolgreiche Impfung hin. Von einer ausreichenden Immunität kann ab einer Anti-HAV-IgG-Konzentration von > 10 IU/L ausgegangen werden. Die Anwendung quantitativer Testverfahren ist in der Routinediagnostik bei dieser Fragestellung in der Regel jedoch nicht notwendig. Nach regelhafter Impfung ist Anti-HAV-IgG bei 99,8% aller zweimalig geimpften, gesunden Probanden nachweisbar *[Cuthbert J 2001]*. Ein hoch-positives Ergebnis belegt auch bei einem qualitativen Test einen ausreichenden Impfschutz.

Die Feststellung einer dauerhaften Immunität kann bei positivem Anti-HAV-IgG oder Anti-HAV-Gesamt-Ig jedoch nicht getroffen werden, wenn eine passive Immunisierung in den letzten acht Wochen oder ein passiver Antikörpererwerb nach Gabe von Blutprodukten (insbesondere Ig-Präparate und Frischplasma) innerhalb der letzten vier Wochen erfolgte. Der einsendende Arzt hat das Labor auf einen solchen Umstand hinzuweisen.

4.6.2 Akute Hepatitis A

Mit Auftreten der klinischen Symptomatik sind regelhaft Anti-HAV-IgG und -IgM nachweisbar. Diese serologische Konstellation weist auf eine akute oder zumindest kürzliche Infektion hin und ist zusammen mit einer passenden Symptomatik aussagekräftig. Diese serologische Konstellation kann aber auch nach Erstimpfung beobachtet werden. Nach einer akuten Hepatitis A kann das Anti-HAV-IgM noch für Wochen, gelegentlich für Monate nachweisbar bleiben. Zu beachten ist, dass bei infizierten **Immundefizienten** eine **verspätete oder keine ausreichende Antikörperproduktion** bei einer akuten HAV-Infektion vorkommen kann, so dass diese serologisch nicht immer ausreichend gut erfasst wird. Im Zweifel, insbesondere nach Exposition von Immundefizienten, sind hier direkte Nachweismethoden im Serum ergänzend durchzuführen.

Nach einer akuten Hepatitis A bleibt das **Anti-HAV-IgG** als Zeichen einer lebenslangen Immunität nachweisbar.

Mit einer NAT kann HAV-RNA für einige Wochen im Serum von Erkrankten oder in Blutprodukten infizierter Spender nachgewiesen werden. Der Nachweis von HAV-RNA im Stuhl oder Serum oder der HAV-Antigennachweis im Stuhl beweisen eine Infektion. Da zum Zeitpunkt des Erkrankungsbeginns nur noch die Hälfte der HAV-Infizierten nachweisbares HAV-Antigen im Stuhl ausscheidet, schließt ein negatives Ergebnis des Antigennachweises im akuten Stadium oder gar der Rekonvaleszenzphase eine HAV-Infektion nicht aus. Mit einer sensitiveren NAT gelingt der Nachweis von HAV-RNA im Stuhl über eine größere Zeitspanne.

4.6.3 Hygieneüberwachung und Ausscheiderstatus

Zur **Identifizierung von Expositionsquellen und Feststellung einer Kontamination** kann in Lebensmittel- und Trinkwasserproben HAV-RNA mittels NAT nachgewiesen werden. Antigentestverfahren sind für diese Fragestellung zu wenig sensitiv. Bei Wiederzulassung infizierter Personen nach HAV-Infektion in lebensmittelverarbeitenden und -herstellenden Betrieben sowie bei der Beurteilung der Infektiosität von Rekonvaleszenten, kann eine Untersuchung des Stuhls auf HAV-RNA durchgeführt werden. In der Regel sind immunkompetente Patienten etwa eine Woche nach Beginn der Transaminasenerhöhung oder des Ikterus nicht mehr kontagiös, meistens sistiert die Virusausscheidung schon vorher. Protrahierte Verläufe, unter anderem bei Säuglingen mit anhaltender Virusausscheidung über mehrere Wochen, sind zu beachten.

Da das Virus bereits ein bis zwei Wochen vor Beginn der klinischen Symptomatik ausgeschieden wird und in diesem Zeitfenster auch die meisten Übertragungen stattfinden können, ist zur **Untersuchung von Kontaktpersonen** auf eine mögliche Infektion der direkte Erregernachweis im Stuhl möglich. Dieser Nachweis gelingt frühestens zwei Wochen nach der potentiellen Exposition und ist ebenso wie der Nachweis von HAV-RNA im Serum vor der Bildung spezifischer Antikörper möglich.

Bei **Nachweisverfahren in Lebensmitteln** ist §64 (Amtliche Sammlung von Untersuchungsverfahren) des Lebensmittel- und Futtermittel-Gesetzbuches LFGB zu beachten. Die ISO/TS 15216-2:2013 beschreibt speziell für die Untersuchung auf HAV in Lebensmittelproben verschiedene zugelassene Verfahren zur Probenentnahme, zum Probenaufschluss, zur Virusanreicherung (Ultrazentrifugation, Affinitäts-Chromatographie, PEG-Präzipitation) und zum qualitativen Nachweis mittels NAT.

4.6.4 Genotypisierung

Die Sequenzierung von Genabschnitten zur Genotypisierung ist für den klinischen Verlauf ohne Bedeutung und nur von epidemiologischem Interesse. Bei der forensischen Aufklärung von Infektionsketten im Rahmen von Ausbruchsgeschehen oder nosokomialen Übertragungen ist eine Sequenzierung der Regionen VP3 bis VP1 und/ oder VP1/VP2A sinnvoll. Da keine spezifische antivirale Therapie existiert, ist die genotypische Resistenzbestimmung bei HAV obsolet.

Spezialuntersuchungen

Eine Virusisolierung aus Stuhl ist auf Zellkulturen mit Primatenzellen grundsätzlich möglich, sie stellt jedoch keine Methode der Routinediagnostik dar.

4.6.5 Unnötige Untersuchungen

Bei Screening-Untersuchungen zur Klärung des Immunitätsstatus ist die Durchführung eines Anti-HAV-IgM-Tests nicht sinnvoll, da aufgrund der unspezifisch reaktiven Ergebnisse der positiv prädiktive Wert für diese Gruppe sehr gering ist. Das Resultat eines Anti-HAV-IgG-Tests ist für diese Fragestellung ausreichend. Falsch positive oder grenzwertige IgM-Resultate sind nicht selten und bedürfen dann einer weiteren Abklärung im Verlauf oder mit weiteren kostenintensiven Methoden, um fehlerhafte Diagnosen und Meldungen zu vermeiden. Gleiches gilt für Untersuchungen von Patienten, die weder klinische noch laborchemische Zeichen einer Hepatitis A zeigen oder bei denen keine Hinweise auf eine kürzliche Exposition vorliegen.

Wiederholte Messungen eines bereits vorbefundlich positiven Anti-HAV-IgG sind in der Routinediagnostik nicht indiziert.

4.6.6 Kritische Wertung

Ein Nachweis von HAV-IgM ist dann zurückhaltend zu interpretieren, wenn alle typischen Anzeichen einer akuten Hepatitis A laborchemisch und klinisch fehlen. Dies ist insbesondere beim isolierten IgM-Nachweis mit negativem HAV-IgG der Fall. Nicht jedes reaktive HAV-IgM beweist eine akute und damit meldepflichtige Infektion.

In einigen kommerziellen Testsystemen kann der HAV-IgG-Nachweis grenzwertig oder im niedrigen Bereich falsch-positiv sein, was zur Fehlinterpretation einer bestehenden Immunität führen kann.

4.6.7 Meldepflicht

In Deutschland besteht bei Hepatitis A für den behandelnden Arzt eine namentliche Meldepflicht gemäß §6 IfSG bei akuter Erkrankung und für den feststellenden Laborarzt gemäß §7 IfSG. Meldepflichtig sind der direkte Erregernachweis (Antigennachweis im Stuhl, RNA-Nachweis in Stuhl oder Plasma/Serum) sowie ein serologischer Nachweis (IgM-Positivität oder nachgewiesene IgG-Serokonversion), wenn dieser auf eine akute Erkrankung hindeutet. Der Nachweis einer HAV-Infektion ist in Österreich und innerhalb von 24 Stunden in der Schweiz meldepflichtig.

4.6.8 HAV-Standardpräparate

HAV-Antigen

Hepatitis A Vaccine (1st WHO International Standard, 1999), inaktiviert, Antigen-Gehalt 100 IU/mL, NIBSC 95/500, WHO 99.1914 und WHO 2011.2160

Anti-HAV

Anti-Hepatitis A, Immunoglobulin, Human (2nd WHO International Standard, 1998), lyophilisiertes Humanplasma, 98 IU/mL, NIBSC 97/646

IgM Anti-Hepatitis A Virus Quality Control Reagent Sample 2 (2014), defibriniertes Humanplasma, Pool aus verschiedenen Anti-HAV-IgM-positiven Spendern, NIBSC 13/B634-xxx

HAV-RNA

Hepatitis A Virus VL For Nucleic Acid Amplification Techniques (3nd WHO International Standard, 2018), lyophilisiertes Humanplasma, 26300 IU/mL, NIBSC 15/276, WHO 2013.2225

5 Hepatitis-B-Virus

5.1 Erreger

Das Hepatitis-B-Virus (HBV) ist ein behülltes Virus mit einer partiell doppelsträngigen, zirkulären DNA aus der Familie der *Hepadnaviridae*. Das etwa 3200 Nukleotide große Genom kodiert vier Gruppen von Proteinen:

- Das HBV-Core-Protein (HBc), welches das ikosaedrische Kapsid als Strukturprotein des Virus bildet, sowie die sezernierte Form des HBc-Proteins als HBeAg
- Die virale Polymerase (Reverse Transkriptase RT)
- Ein regulatorisches Nichtstruktur-Protein X
- Die drei Formen des Oberflächenproteins (HBs): das große (LHBs), mittlere (MHBs) und kleine (SHBs) Hüllprotein. Durch die Benutzung dreier im Leseraster gelegener Startcodons unterscheiden sich LHBs und MHBs im Aminoterminus vom SHBs, weisen aber einen gemeinsamen Carboxy-Terminus auf.

Vom HBV sind zehn Genotypen A–J bekannt *[Pourkarim MR et al. 2014]*, die derzeit noch in weitere Subgenotypen A1–7 (A4, 5 und 7, evtl. Quasisubgenotyp A3), B1–9 (B5 und 8–9 evtl. Quasisubgenotyp B3), C1–5 (und evtl. weitere), D1–5 (evtl. noch D6–9) und F1–4 unterteilt werden können. Die Einteilung der Genosubtypen wird durch den Nachweis rekombinanter Subtypen erschwert. Ihre Verbreitung ist geographisch unterschiedlich. In Mitteleuropa sind bislang die Genotypen A2 und D am häufigsten, durch Migration werden zunehmend die Genotypen C2, D1, D2 sowie E nachgewiesen *[Pourkarim MR et al. 2014]*. Die frühere Unterteilung in Serotypen (z. B. ayw2, adw2 u. a.) ist heute obsolet.

Für das Verständnis der komplexen Diagnostik und der vielfältigen Verlaufsformen sind folgende vier Besonderheiten bedeutsam:

1. Die Replikation des Genoms erfolgt (trotz der Eigenschaft als DNA-Virus) über eine prägenomische RNA, die mittels reverser Transkription (RT) in DNA umgeschrieben wird. Dieser, den echten Retroviren vergleichbare Schritt, hat eine hohe Fehlerrate und führt unter Therapie und immunologischem Selektionsdruck zu einer für ein dsDNA-Virus hohen Mutationsrate.

2. Die Pathogenese der Hepatitis B beruht ausschließlich auf der Abwehr des Immunsystems, das Virus selbst ist nicht zytopathogen.

3. Bei der Replikation werden leere, subvirale Partikel im Exzess in die Blutbahn abgegeben, die nur aus HBsAg-Hüllen bestehen. Dieses Phänomen im Rahmen der Immunevasion führt zur Komplexierung mit den ebenfalls gebildeten Anti-HBs-Antikörpern, die dadurch für Testverfahren maskiert sind.
4. Die HBV-Infektion etabliert sich durch die im Hepatozyten-Zellkern als separates Minichromosom vorliegende cccDNA fast immer lebenslang, unabhängig ob der Serostatus eine klinisch ausgeheilte Infektion anzeigt. Bei Kontrollverlust durch das Immunsystem (beispielsweise nach Transplantation oder onkologischer Chemotherapie), kann die cccDNA als erneut replizierende Infektion auch nach Jahrzehnten noch mit schweren Verlaufsformen reaktivieren.

5.2 Epidemiologie

Weltweit sind etwa 2 Milliarden Menschen mit HBV infiziert (Anti-HBc-Prävalenz), davon etwa 360 Millionen mit einer chronischen Hepatitis B; etwa 600.000 Menschen sterben jährlich an einer HBV-assoziierten Lebererkrankung *[Shepard CW et al, 2006]*. Die Seroprävalenz von Anti-HBc lag in einer alters- und bevölkerungsadjustierten Studie 2012 in Deutschland bei 5,1% der Gesamtbevölkerung *[Poethko-Müller C et al., 2013]*, die HBsAg-Prävalenz lag bei etwa 0,5%. Für das Jahr 2016 lagen dem RKI Daten zum wahrscheinlichen Infektionsland bei Meldungen nach IfSG vor. Auf Deutschland selbst entfielen 49% der gemeldeten HBV-Infektionen, in absteigender Häufigkeit wurden für die restlichen angegeben: Äthiopien, Afghanistan, Syrien, Rumänien, Somalia, Senegal, Guinea, Eritrea und Türkei. Für 2017 wurde diese Verteilung wie folgt angegeben: Syrien, Sierra Leone, Rumänien, Türkei und Nigeria *[RKI, Infekt. Jahrbuch für 2016 und 2018]*.

In hochendemischen Gebieten außerhalb Europas sind HBsAg-Prävalenzen von 8 bis 20% anzutreffen.

5.3 Klinische Verläufe

Da der Infektionsverlauf neben dem Übertragungsweg und der Infektionsdosis aufgrund der Immunpathogenese von der Reaktion des Immunsystems abhängt, sind die Verlaufsformen sehr unterschiedlich. Die Primärinfektion mit geringen Mengen des Hepatitis-B-Virus verläuft insbesondere bei Schleimhautkontakt beim sexuellen Übertragungsweg zu einem hohen Anteil klinisch inapparent. Erfolgt die Infektion mit höherer Infektionsdosis, insbesondere bei perkutaner Exposition, kommt es meistens bis 180 Tage nach Infektion zu einer akuten Hepatitis mit klinisch unspezifischer Symptomatik mit Müdigkeit, Schmerzen im (rechten) Oberbauch und Ikterus. Bei milden Verläufen kann der Ikterus fehlen, sodass keine richtungsweisende Symptomatik vorhanden ist.

Die schwerste akute Verlaufsform ist die seltene fulminante Hepatitis B. Innerhalb von Tagen kommt es dabei zum Leberversagen mit hepatischer Enzephalopathie und Koagulopathie.

Nach einer akuten (ikterischen oder inapparenten) Infektion verbleibt der Status der alten, klinisch ausgeheilten HBV-Infektion mit Positivität von Anti-HBc-IgG, Anti-HBs-IgG und Negativität von HBsAg. Klinisch ausgeheilte Verläufe können selten auch ohne dauerhafte Induktion von messbarem Anti-HBc auftreten. Diese Fälle können mit einem Zustand nach Impfung verwechselt werden und sind meist der Insensitivität der Anti-HBc-IgG-Tests geschuldet. Auch die Bildung von Anti-HBs kann unterbleiben oder dieses nach Jahren unter die Nachweisgrenze der Testverfahren abfallen. In diesen Fällen spricht man von isolierter Anti-HBc-Positvität. Um eine okkulte HBV-Infektion (OBI) ohne nachweisbares HBsAg auszuschließen, ist hier dann eine Untersuchung auf HBV-DNA indiziert, die im Falle einer OBI meist im untersten Sensitivitätsbereich der quantitativen PCR nachgewiesen werden kann.

Persistiert das HBsAg länger als sechs Monate, so liegt definitionsgemäß eine chronische Hepatitis B vor. Die **chronische Hepatitis B** verläuft oft über Jahre bis Jahrzehnte symptomlos und unbemerkt. Es können sich schleichend eine Leberfibrose, Zirrhose sowie ein primäres hepatozelluläres Karzinom (HCC) entwickeln. In einigen Fällen kommt es bei der chronischen Verlaufsform wiederholt zu einer Exazerbation der Hepatitis B mit den klinischen und serologischen Merkmalen einer akuten Hepatitis B (inklusiver erneuter Positivität des Anti-HBc-IgM). Ohne virologische Vorbefunde ist eine solche Exazerbation serologisch kaum von einer akuten Primärinfektion unterscheidbar, dies vermag erst eine Verlaufsuntersuchung nach zwei bis vier Wochen (quantitativ signifikanter Abfall der HBsAg-Konzentration). Differentialdiagnostisch ist bei einer Exazerbation auch eine Superinfektion mit HDV auszuschließen.

Bei Patienten mit serologisch alter, klinisch ausgeheilter Hepatitis B kann eine starke Immunsuppression zu einer **Reaktivierung der HBV-Infektionen** führen (reverse Serokonversion). Diese bleibt unter der Immunsuppression zunächst asymptomatisch, kann aber bei Rekonstitution der T-Zell-Aktivität als schwere, mitunter fulminante Hepatitis verlaufen (Immunrekonstitution). Eine präemptive antivirale Therapie ist hier angezeigt *[AWMF S3-Leitlinie HBV/HDV, 2011]*.

Zur Therapie der HBV-Infektion stehen Inhibitoren der viralen RNA-abhängigen DNA-Polymerase wie Lamivudin, Entecavir, Telbivudin und Tenofovir zur Verfügung. Bei HBV/HDV-Koinfektionen kann auch eine Interferontherapie indiziert sein. Für Details der Therapieschemata und Indikation siehe die aktuelle AWMF-S3-Leitlinie zur Hepatitis B.

5.4 Prophylaxe und Therapie

Gegen HBV stehen Hyperimmunglobuline zur passiven Immunisierung sowie Totimpfstoffe zur aktiven Immunisierung zur Verfügung. Die aktuellen Empfehlungen der STIKO und die AWMF S3-Leitlinie zur Prophylaxe, Diagnostik und Therapie der Hepatitis-B-Virusinfektion beschreiben ausführlich die komplexen Impfempfehlungen, die Überprüfung von Impftitern, das Vorgehen nach HBV-Exposition bzw. der Geburt eines Kindes bei HBV-positiver Mutter. Als Expositionsprophylaxe werden begrenzt viruzide Desinfektionsmittel, die Meidung von ungeschütztem Sexualverkehr und die Nutzung hinreichend desinfizierter bzw. sterilisierter Medizinprodukte, stichsichere Instrumente und deren ordnungsgemäße Entsorgung empfohlen *[Schwebke I et al., 2017]*. Therapeutisch stehen Nukleosid- und Nukleotid-Analoga zur Verfügung. Eine Therapie führt oft nicht zur Ausheilung einer chronischen Hepatitis B, kann aber durch die Senkung der Entzündungsaktivität therapeutisch sinnvoll sein. Aufgrund der Komplexität der Indikation zur Behandlung sowie der Auswahl der Therapieoptionen sei an dieser Stelle auf die aktuelle AWMF S3-Leitlinie verwiesen *[AWMF S3-Leitlinie HBV/HDV, 2011]*.

5.5 Diagnostische Methoden

Die Labordiagnostik der HBV-Infektion ist durch die Interpretation mehrerer Parameter und der Variabilität der Verläufe häufig nicht trivial. Zum Nachweis der in der Routinediagnostik bedeutsamen Antikörper Anti-HBc-IgG/-IgM, Anti-HBs und Anti-HBe-IgG sowie der Antigene HBsAg (qualitativ und quantitativ) und HBeAg stehen verschiedene kommerzielle Testsysteme mit mittlerweile auch verschiedenen Testprinzipien zur Verfügung.

Immunblots sind in der Routinediagnostik nicht eingeführt. Ebenso sind quantitative Bestimmungen des HBeAg in ihrer klinischen Bedeutung noch unzureichend belegt. Für besondere Fragestellungen sind in spezialisierten Laboratorien ergänzende Bestätigungstests verfügbar, wie beispielsweise Anti-HBc- und Anti-HBs-Inhibitionsverfahren, HBsAg-Western-Blots, weitergehende Untersuchungen zur differentiellen Quantifizierung der drei verschiedenen HBs-Antigene, der zirkulierenden viralen RNA, der Bestimmung der Neutralisation im Infektionsassay oder zur Serotypisierung von Anti-HBs-IgG.

Die Untersuchung auf HBV-Core-Antigen spielt bei diagnostischen Fragestellungen keine Rolle. Auch die Untersuchung auf sogenannte präCore-Mutanten, z. B. bei hochvirämischen, HbeAg-/Anti-HBe-negativen Patienten, ist aufgrund fehlender therapeutischer Konsequenz nur selten indiziert.

5.5.1 Anti-HBc-Antikörper

Der Nachweis von Antikörpern gegen das virale Kapsidprotein ist durch kommerzielle Testsysteme in den meisten Fällen problemlos möglich. Die Messung erfolgt oft in kompetitiven Testformaten, bei denen ein Messergebnis < 1,0 S/CO oder darunter als reaktiv gilt. Dieses Ergebnis kann als Kehrwert vom Labor in CO/S umgerechnet angegeben werden oder das jeweilige Messverfahren gibt diesen Kehrwert bereits als Ergebnis an.

Ein bekanntes Problem ist das Auftreten unspezifisch reaktiver Anti-HBc-Ergebnisse, die in den Testverfahren im Grenzbereich oder niedrig-positiven Bereich liegen. Reaktive Anti-HBc-Befunde mit hohem Index sind mit großer Wahrscheinlichkeit als spezifisch und damit positiv anzunehmen. Werte um den *cut-off* können spezifisch oder unspezifisch sein, dies kann erst ein Inhibitionstest erweisen, der in der Routine meist nicht verfügbar ist. Ergänzende Messungen mit zusätzlichen Testformaten anderer Hersteller können die Frage der Spezifität nur unzureichend klären.

Eine ergänzende Testung von Anti-HBe-IgG trägt nicht zur Entscheidung über die Spezifität bei, da in den Testformaten ähnliche *Capture*-Antigene und Detektionsantikörper für beide Antikörper verwendet werden und eine unspezifische Reaktivität eine ebensolche im Anti-HBe-IgG (und oft auch Anti-HBc-IgM-Test) des gleichen Herstellers nach sich ziehen kann. Das Problem ist mit kommerziellen Testsystemen derzeit nicht befriedigend lösbar. Aufgrund der unspezifisch reaktiven Befunde wurde in diesen Testverfahren der *cut-off* immer weiter abgesenkt, sodass nun auch vermehrt mit falsch-negativen Anti-HBc-Befunden zu rechnen ist.

Da bei Patienten mit reaktiven Anti-HBc-Befunden die Werte im Verlauf auch um den *cut-off* herum schwanken können, kann nach einer Negativität in der Folgeprobe eine Positivität (und danach wieder umgekehrt) beobachtet werden. Diese scheinbaren Serokonversionen sind im Verlauf für den Einsender nachvollziehbar, wenn das Anti-HBc mit seinem **Index oder CO/S-Wert als Maß für die Wahrscheinlichkeit eines spezifischen Ergebnisses** zusätzlich zur Angabe positiv/negativ mitgeteilt wird.

Anti-HBc-IgG ist bei Immunkompetenten fast immer mit Auftreten der klinischen Symptome oder nach einer klinisch inapparenten akuten Infektion mit Anstieg der Transaminasen nachweisbar. Anti-HBc-IgG persistiert in der Regel lebenslang.

5.5.2 Anti-HBs-Antikörper

Anti-HBs-Antikörper sind in der Regel nach Impfung und nach ausgeheilter HBV-Infektion nachweisbar. Bei chronischen Infektionen werden sie zwar ebenfalls gebildet, aber durch den Überschuss an HBsAg maskiert und sind daher nicht regelhaft detektierbar.

Die in Testsystemen angegebenen Zahlenwerte für Anti-HBs suggerieren eine Messpräzision, die in vivo so nicht immer besteht. In Europa werden Vakzine verwendet, die nicht alle Domänen des HBsAg umfassen und nur den Genotyp A2 repräsentieren. Der Genotyp A2 macht weniger als 1% der weltweiten HBV-Infektionen aus. Die begrenzten Epitope dieser Vakzine induzieren weit weniger verschiedene Antikörper als nach einer ausgeheilten Infektion. Die Testsysteme wiederum erfassen nur einen wechselnden Teil der induzierten Antikörper. In der Routinediagnostik hat sich dies in den letzten Jahren bemerkbar gemacht, als die Kalibrierung der Testsysteme durch

Umstellung des Internationalen Standards von einem Rekonvaleszenten-Serum zu einem Serum eines Geimpften geändert wurde.

5.5.3 HBs-Antigen

Bei einer akuten Infektion ist das HBsAg der erste virale Marker, der serologisch erfasst werden kann. Als Suchtest kommen hochsensitive Nachweisverfahren für HBsAg zum Einsatz. Positive Ergebnisse im unteren Signalbereich des Suchtests müssen durch einen HBsAg-Bestätigungstest oder einen anderen positiven HBV-Marker verifiziert werden.

Die meisten HBsAg-Testverfahren sind mittlerweile sehr sensitiv. Diese detektieren 0,1 IU/mL bzw. 0,05 U/mL PEI-Standard, was zwischen 0,01 und 0,04 ng HBsAg/mL entspricht *[Faupel FM, 2010 und Scheiblauer H et al. 2010]*. Die analytische Sensitivität kann in manchen Testsystemen vom Genotyp abhängen und die Quantifizierung zu einer Unterschätzung führen. Von dieser Unterquantifizierung sind häufiger die Genotypen C und D betroffen.

HBsAg wird von infizierten Zellen im Überschuss zu Viruspartikeln sezerniert (bis 1000-fach) und kann schon mehrere Wochen bis Monate vor einer Transaminasenerhöhung und akuten Erkrankung in hohen Konzentrationen nachgewiesen werden. Das Verhältnis von subviralen HBs-Partikeln (Sphären) zu vollständigen Viruspartikeln (Dane-Partikel) schwankt von Patient zu Patient und im Verlauf der Infektion, sodass die gemessene HBsAg-Konzentration keinen sicheren Anhalt für die Menge infektiöser Viruspartikel gibt.

Zusätzlich kann es durch starke Immunselektion bei okkulten Infektionen, bei Impfdurchbrüchen aufgrund von Vakzin-*Escapes* oder durch Gabe von Immunglobulinen zur Ausbildung von Aminosäureaustauschen in der sogenannten präS-Domäne des HBsAg kommen. Viele Testsysteme verwenden *Capture*-Antikörper, die an diese Domäne binden, sodass es zu falsch-negativen Ergebnissen kommen kann. Die Verwendung mehrerer monoklonaler *Capture*-Antikörper in moderneren Systemen reduziert diese Anfälligkeit der Testverfahren, kann sie aber bei multiplen Mutationen nicht gänzlich verhindern. Mutationen des HBsAg können durch Sequenzierung des Leserahmens (oft kombiniert mit der Beurteilung der Polymerasesequenz) erkannt werden.

Schnelltestverfahren für HBsAg sind um ein Vielfaches weniger empfindlich und vermehrt mutationsanfälliger als herkömmliche stationäre Laborsysteme, weshalb ihre Verwendung in Deutschland nicht empfohlen werden kann *[Meyer T et al. 2016]*.

Divergente HBsAg-Ergebnisse in verschiedenen Testsystemen sollten, neben der Durchführung einer hochempfindlichen NAT, stets in einem spezialisierten Labor abgeklärt werden. Das Versagen eines HBsAg-Testsystems sollte dem PEI als Überwachungsbehörde für In-vitro-Diagnostika auch außerhalb einer Vorkommnismeldung mitgeteilt werden.

5.5.4 Anti-HBe-Antikörper und HBe-Antigen

HBeAg ist kein virales Strukturprotein, sondern stellt eine in das Serum sezernierte Form des HBcAg dar, das als Immunmodulator die zelluläre Immunreaktion gegen HBV abschwächt. Der Nachweis von HBeAg ist daher überwiegend mit einer hohen Virämie (> 10^6 Ge/mL) und damit mit einer sogenannten hochreplikativen Infektion assoziiert. Die Bestimmung von HBeAg und Anti-HBe-IgG ist bei manchen **antiviralen Therapieschemata** sinnvoll. Die Bestimmung ist auch bei **infizierten Schwangeren** zur Risikoabschätzung einer möglichen Übertragung auf das Kind sinnvoll, um neben der Viruskonzentration als zusätzliche Entscheidungshilfe für eine antivirale Therapie vor der Entbindung zu dienen. Bei sehr hochreplikativen Infektionsgeschehen in HBeAg-positiven Schwangeren kann abhängig vom Genotyp die postnatale Simultanimpfung des Kindes in bis zu 10–20% die vertikale Infektion nicht unterbinden.

HBV-Varianten, die durch Mutationen, z. B. mit neu aufgetretenen Stop-Codons im PräCore-Bereich, nicht mehr in der Lage sind, HBeAg zu exprimieren, sind geographisch unterschiedlich häufig und stellen, in Abhängigkeit vom vorherrschenden HBV-Genotyp, in einigen Ländern (Mittelmeerländer, Osteuropa) die vorherrschende Variante dar *[Funk ML et al. 2002]*. Sie werden relativ selten übertragen, da zur Übertragung eine höhere Infektionsdosis notwendig ist, können dann aber eine schwer verlaufende Hepatitis auslösen.

5.5.5 HBV-DNA

Die Bestimmung der HBV-DNA, die heute mit Ausnahme der Transfusionsmedizin fast nur noch quantitativ durchgeführt wird, dient der **Bestätigung einer akuten oder chronischen Infektion,** der Aufklärung möglicher **okkulter Infektionen,** der **Abschätzung der Infektiosität** und der **Therapiekontrolle.** Zur rechtzeitigen Erkennung einer Reaktivierung einer alten, klinisch ausgeheilten Infektion unter Immunsuppression ist eine HBV-NAT die sensitivste Methode.

Die Bestimmung kann heute in voll- und halbautomatischen Systemen und in geschlossenen PCR-Systemen erfolgen. Die Amplifikation mehrerer Zielsequenzen kann zu einer höheren Validität der Quantifizierung auch verschiedener Genotypen und Mutanten beitragen. Zur Erhöhung der Sensitivität kann in spezialisierten Laboren vor der NAT eine Anreicherung durch Ultrazentrifugation erfolgen. Derzeit werden fast nur hochsensitive NATs in der Diagnostik verwendet, deren analytische Sensitivität unter 8 bis 20 Ge/mL (entsprechend etwa 40–100 IU/mL) liegt.

5.6 Untersuchungsindikationen

5.6.1 Immunitätsabklärung

Bei einer Screening-Untersuchung ohne Verdacht auf eine Erkrankung genügt in der Regel die Bestimmung des Anti-HBc-IgG und (quantitativen) Anti-HBs-IgG, um eine Immunität abzuklären. Bei Risikopatienten oder Personen aus Endemiegebieten oder bei arbeitsmedizinischer Untersuchung von medizinischem Personal empfiehlt sich als Basisdiagnostik zusätzlich einmalig die Bestimmung von HBsAg, um auch die seltenen Anti-HBc-negativen und okkulten HBV-Infektionen zu erfassen. Das quantitative Ergebnis des Anti-HBs nach Impfung wird zusätzlich als Maß des Impfschutzes interpretiert. Eine Antikörperkonzentration von < 10 IU/L zeigt keine Immunität an, zwischen 10 und < 100 IU/L ist von einer nicht ausreichenden Immunität und ab Werten > 100 IU/L von einer erfolgreichen Impfung auszugehen. Fast alle kommerziellen Testsysteme erfassen bereits Konzentrationen ab 2 IU/L und darunter. Liegt der Wert zwischen dieser unteren Sensitivität und < 10 IU/L sollte der Wert nicht als negativ angegeben werden. Liegt das Ergebnis im untersten positiven Bereich < 10 IU/L, so ist die Information, dass es sich nach Impfung um eine partielle Response handelt, wertvoll für eine weitere Impfstrategie beim Patienten. Nur Patienten mit tatsächlich keinem nachweisbaren Anti-HBs können als echte Non-Responder interpretiert werden.

5.6.2 Verdacht auf Infektion

Zum Ausschluss einer Infektion bei einer Transaminasenerhöhung oder einer klinischen Symptomatik ist die Untersuchung von Anti-HBc, Anti-HBs und HBsAg in der ersten Stufe ausreichend. Die routinemäßige zusätzliche Bestimmung von Anti-HBe, HBeAg und Anti-HBc-IgM bei einer angeforderten Hepatitis-Serologie ist unnötig. Sie kann dann erfolgen, wenn die ersten drei Parameter auffällig sind oder auf eine Infektion hindeuten.

5.6.3 Therapiemonitoring und Resistenztestung

Zur Überprüfung der antiviralen Therapie werden je nach Therapieschema nur **HBV-DNA und HBsAg** jeweils **quantitativ** bestimmt, eventuell **ergänzend Anti-HBe-IgG und HBeAg (qualitativ).** Eine signifikante Senkung der Viruskonzentration, eventuell eine Konversion von Anti-HBe-Negativität zu -Positivität und schließlich der kontinuierliche Abfall des HBsAg sind Therapieziele und bei manchen Therapieindikationen oft auch Endpunkte. Nach der Negativierung von HBV-DNA und HBsAg ist die nicht immer erreichbare Serokonversion zur Anti-HBs-Positivität das optimale Therapieziel. Die Infektion geht dann serologisch in das Bild einer alten, klinisch ausgeheilten Infektion als Zeichen der effektiven Immunkontrolle der HBV-Infektion über.

Da sich die Leserahmen für die virale Polymerase durch die Nutzung verschiedener Leseraster überlappen, kann eine antivirale Therapie nicht nur eine Resistenzmutante der Polymerase, sondern zusätzlich eine Mutation des HBsAg selektionieren. Solche HBsAg-Mutationen können (wie oben beschrieben) die Detektierbarkeit oder korrekte Quantifizierung von HBsAg in manchen Testsystemen beeinträchtigen.

Eine **Typisierung** und **Resistenzbestimmung** ist durch **Sequenzierung der Pol- und HBs-Leserahmen** möglich. Bei der Typisierung sollte nicht nur der Genotyp, sondern auch der Genosubtyp angegeben werden. Als Mutationen des HBsAg werden im Befund nur jene Positionen angegeben, die innerhalb des entsprechenden Genosubtyps auftreten. Ein Abgleich mit anderen Genotypen führt regelmäßig zur Mitteilung von Mutationen, die als übliche Varianten zwischen den Genotypen tatsächlich keine Mutationen sind. Zur Auswertung der genotypischen Resistenz sind verschiedene Datenbanken verfügbar, beispielsweise geno2pheno oder HIV-GRADE. Im Befund ist die Resistenz, bezogen auf den jeweiligen antiviralen Wirkstoff, als sensibel, resistent oder intermediär/eingeschränkt sensibel anzugeben. Eine zur Beurteilung ausreichend valide Sequenz wird meist erst ab Konzentrationen von > 1000 Ge/mL erreicht. Eine Sequenzierung in beide Leserichtungen mit anschließender Ermittlung des auswertbaren Konsensusbereiches ist sehr zu empfehlen.

Eine phänotypische Resistenzbestimmung in der Zellkultur ist nur in spezialisierten Laboratorien möglich und dient unter anderem der Unterstützung und Datenerhebung für Computerprogramme und Datenbanken zur genotypischen Resistenzbestimmung.

5.7 Kritische Wertung

Jede Abweichung vom klassischen Schema von Anti-HBc, Anti-HBs bzw. HBsAg ist abklärungsbedürftig.

Bei der **isolierten Anti-HBc-Positivität** ist eine erweiterte serologische Untersuchung und in jedem Fall eine NAT indiziert, um eine okkulte Infektion oder falsch-negative HBsAg-Bestimmung auszuschließen.

Die **isolierte HBsAg-Reaktivität** ist mit einem Bestätigungstest zu verifizieren. Sie kann auch durch eine Impfung innerhalb der letzten vier Wochen (bei Säuglingen bis zu etwa acht Wochen) verursacht sein und als Nachweis von zirkulierendem Impfantigen im Bestätigungstest dann als spezifisch detektiert werden. Eine kürzlich erfolgte Impfung ist bei einem solchen Befund mit dem Einsender zu klären. Bestätigungsteste können auch HBsAg fälschlich als spezifisch angeben, eine Wiederholung der Messung in Verdünnungen 1:5 und 1:10 kann sich bei unplausiblen Befunden als hilfreich erweisen.

Der **gleichzeitige Nachweis von Anti-HBs und HBsAg** ist abzuklären und zu kommentieren. Nicht selten können sehr geringe Konzentrationen von Anti-HBs bei HBsAg-hochpositiven Proben nachgewiesen werden, die durch präparative Dissoziation bei der Testdurchführung oder präanalytische Degradation aus der Maskierung freigesetzt wurden. Hinter dem gleichzeitigen Nachweis von HBsAg und Anti-HBs (besonders ab Konzentrationen von > 20 IU/L) verbirgt sich häufig eine *Escape*-Variante, die durch Sequenzierung abgeklärt werden sollte. Eine Koinfektion zweier Genotypen wurde bei dieser Konstellation ebenso bereits gefunden wie auch eine Infektion nach Impfdurchbruch.

Die Abklärung einer **HBV-Infektion bei simultangeimpften Säuglingen infizierter Mütter** ist besonders problematisch: Maternales Anti-HBc-IgG bleibt bis zu 18 Monate im Kind nachweisbar, Anti-HBs durch die passive Impfung und HBsAg durch zirkulierendes Impfantigen der aktiven Impfung können zusätzlich nachgewiesen werden. Bei Neugeborenen kann eine HBV-Infektion erst sicher nach einer Inkubationszeit von bis zu sechs Monaten post natum diagnostiziert werden. Zwölf Monate p. n. sollte eine Kontrolluntersuchung durchgeführt werden. Intrauterin oder subpartal gewonnenes Nabelschnurblut ist zur Untersuchung des Infektionsstatus des Kindes ungeeignet, da es in der Regel durch mütterliches Blut kontaminiert ist.

5.8 Meldepflicht

Nach Änderung der Falldefinition 2014 ist jeder erstmalige Nachweis von HBV-DNA oder HBsAg gemäß §7 IfSG meldepflichtig. Im Fall des HBsAg gilt dies jedoch nur dann, wenn das Testergebnis durch ein klar positives anti-HBc, einen HBsAg-Bestätigungstest oder ein positives HBeAg verifiziert wurde und keine kürzlich erfolgte Impfung (Nachweis von Impfantigen) vorliegt. Das Ergebnis einer eventuellen Anti-HBc-IgM-Testung kann in der Meldung erwähnt werden, ein reaktives HBc-IgM beweist jedoch keine akute Infektion. Eine Hepatitis-B-Infektion ist ebenfalls in Österreich und innerhalb von einer Woche nach Befunderstellung in der Schweiz meldepflichtig.

5.9 HBV-Standardpräparate

HBsAg

HBsAg (1st WHO International Reference Panel, 2003), lyophilisiertes Humanplasma, Genotyp A, Subtype adw2, Verdünnungspanel IU/Ampulle: 8,25; 2,06; 0,52; 0,13, NIBSC 03/262, WHO 03.1987

HBsAg (*2nd WHO International Standard, 2003*), lyophilisiertes Humanplasma, Genotyp A, Subtype adw, 2, 33 IU/Ampulle, NIBSC 00/588, WHO 03.1987

HBsAg (*3rd WHO International Standard, 2017*), lyophilisiertes HBsAg-Vakzin aus Humanplasma (Mischquelle Vietnam), 47,3 IU/Ampulle Genotyp B4 (zwei Stämme), Subtypen ayw1/adw2, NIBSC 12/226, WHO 2014.2241

Hepatitis B virus (HBV) genotype panel for HBsAg assays (*1st WHO International Reference Panel, 2011*), Panel mit 15 HBsAg-Proben der Genotypen A-F und H, lyophilisiertes Humanplasma, PEI 6100/09, WHO 2011.2180

Anti-HBs

Anti-hepatitis B surface antigen (anti-HBs) immunoglobulin (2nd WHO International Standard, 2008), lyophilisiertes Immunglobulin, 100 IU/Ampulle, NIBSC 07/164

Hepatitis B Surface Antigen Quality Control (*2017*), defibriniertes Humanplasma, Pool aus verschiedenen Anti-HBs-positiven Spendern, NIBSC 17/B718

HBeAg

Hepatitis B virus „e" antigen (*1st WHO International Standard, 2013*), lyophilisiertes Humanplasma, 100 IU/mL, PEI 129097/12, WHO 2013.2228

Anti-HBe

Anti-hepatitis B virus e antigen (anti-HBe), lyophilisiertes Humanplasma, 120 IU/mL (*1st International Standard 2012*) PEI 129095/12, WHO 2013.2229

Anti-Hepatitis B e Antigen Quality Control Reagent Sample 1 (2015), defibriniertes Humanplasma, Pool aus verschiedenen Anti-HBe-positiven Spendern, NIBSC 13/B629-xxx

Anti-HBc

Anti-hepatitis B virus core antibodies (anti-HBc) (1st WHO International Standard, 2013), lyophilisiertes Humanplasma, 50 IU/mL, NIBSC 95/522, WHO 08.2098

IgM Anti-HBc Quality Control Reagent Sample 1 (2014), defibriniertes Plasma, Pool aus verschiedenen Anti-HBc-IgM-positiven Spendern, NIBSC 07/B498-xxx

Total Anti-HBc Quality Control Reagent 1 (2017), defibriniertes Plasma, Pool aus verschiedenen Anti-HBc-positiven Spendern, NIBSC 16/B704-xxx

HBV-DNA

HBV DNA for NAT (4rd WHO International Standard, 2016), lyophilisiertes Humanplasma, 955.000 IU/mL Genotyp A2 Serotyp adw2 (Verdünnung des Eurohep R1 Standards von 1999), NIBSC 10/266

PEI-Referenzpräparat HBV-DNA, lyophilisiertes Humanplasma, Genotyp D, Serotyp ayw2/3, 80.000 IU/mL (HBsAg- und HBeAg-positiver Spender), PEI 3620/05

Genotypen

Hepatitis B virus (HBV) genotype panel for NAT assays (*1st WHO International Reference Panel, 2009*), lyophilisiertes Humanplasma, Genotypen A, B, C, D, E, F, G, PEI 5086/08, WHO 09.2121

6 Hepatitis-D-Virus

6.1 Erreger

Das Hepatitis-D-Virus (HDV) ist der einzige Vertreter aus der monotypischen Gattung *Deltavirus* und ist ein nur beim Menschen vorkommendes Virusoid. Zum Aufbau infektiöser Virionen benötigt HDV die Hüllproteine (HBsAg) des HBV, sodass die Etablierung einer akuten und chronischen HDV-Infektion auf eine vorliegende aktive HBV-Infektion angewiesen ist *[Huges SA et al. 2011]*.

Das Genom besteht aus einer einzelsträngigen, zirkulären, ca. 2700 Nukleotiden umfassenden RNA mit negativer Polarität. Der CG-Gehalt beträgt ungefähr 60% und in einem Bereich von ca. 70% kommt es durch Selbstkomplementarität quasi zu einer Doppelstrangbildung. Die Replikation der RNA erfolgt im Zellkern mittels der zellulären RNA-Polymerase II. Aufgrund der Ribozymaktivität mit der Fähigkeit zur autokatalytischen Spaltung und Ligation der HDV-RNA kann sich das Virusoid ohne DNA-Zwischenstufen autonom vermehren. Die RNA kodiert nur für das Delta-Antigen (HDAg), welches in einer kurzen und einer langen Form prozessiert wird (SHDAg und LHDAg). Die HD-Antigene werden für die RNA-Synthese, für den Zusammenbau neuer Partikel und für die Interaktion mit HBsAg benötigt. Infizierte Hepatozyten werden durch das wahrscheinlich zytotoxisch wirkende HDAg sowie durch die zelluläre Immunantwort geschädigt *[Rizzetto M 2016]*. Zudem scheint HDV die Bildung von Autoantikörpern zu induzieren *[Strassburg CP et al. 1996]*.

6.2 Epidemiologie

Das HDV-Genom zeigt eine hohe Variabilität mit bis zu 40% Sequenzabweichung. Bisher wurden acht Genotypen („*clades*“) beschrieben, deren Verbreitungsgebiete oft lokal begrenzt sind *[Le Gal F et al. 2006]*. Genotyp 1 kommt weltweit vor und ist vorherrschend in Nordamerika, Europa, im Mittleren Osten und Nordafrika. Genotyp 2 und 4 finden sich vor allem in Japan und Taiwan. Zusammen mit dem HBV-Genotyp F verursacht Genotyp 3 besonders schwere Krankheitsbilder in Südamerika. Die Genotypen 5, 6, 7 und 8 kommen in Afrika vor *[Wedemeyer H et al. 2010]*.

Weltweit sind schätzungsweise über 15 bis 20 Millionen Menschen mit HDV infiziert. Endemiegebiete sind Afrika (v. a. Zentral- und Westafrika), der Mittlere Osten, der südeuropäische Mittelmeerraum, Asien (hier v. a. Nord- und Zentralasien), Bereiche im tropischen Südamerika und Osteuropa *[WHO 2018]*.

Deutschland gehört zu den Niedrigprävalenzländern. 5,1% der HBsAG-positiven Patienten weisen Antikörper gegen HDV auf, wobei IVDU und Personen aus Endemiegebieten überproportional vertreten sind *[RKI 2019]*. Das RKI hat in den letzten zehn Jahren maximal nur 20 neue HDV-Infektionen/Jahr erfasst, was aufgrund der Falldefinitionen und nicht ausreichend flächendeckender Untersuchungen sicher eine deutliche Unterschätzung darstellt. Insgesamt kann von schätzungsweise 10.000 bis 30.000 HDV-Patienten in Deutschland ausgegangen werden *[Wedemeyer H et al. 2007]*.

6.3 Infektionsverlauf

Die Übertragung von HDV erfolgt parenteral und in Deutschland hauptsächlich durch perkutane Inokulation bei IVDU. Sexuell bedingte Übertragungen finden sich seltener als bei HBV und kommen hauptsächlich in Endemiegebieten vor. Eine vertikale Übertragung auf das Kind, vor allem bei HBeAg-positiven Müttern, ist in seltenen Fällen möglich. In der Regel führt die HDV-Koinfektion aber zu niedrigen HBV-Virämien, wodurch das Risiko einer gleichzeitigen HBV-Übertragung auf das Kind sinkt. Die empfohlene gleichzeitige aktive und passive Immunisierung des Kindes direkt nach der Geburt schützt vor einer HBV- und damit gleichzeitig gegen eine HDV-Infektion. Blutspender mit HBsAg-Nachweis und damit möglicher HDV-Koinfektion werden von der Spende ausgeschlossen. Ein Restrisiko besteht bei asymptomatischen HBV-HDV-Trägern mit supprimierter HBsAg-Synthese und fehlendem HBV-Genomnachweis. Aber aufgrund der niedrigen HBV- und HDV-Prävalenz in Deutschland, den Auswahlkriterien bei Blutspendern und der empfohlenen HBV-Impfung kann von einem sehr niedrigen Restrisiko einer HDV-Übertragung durch Blutprodukte ausgegangen werden.

Die Übertragung von HDV erfolgt als Simultaninfektion zusammen mit HBV oder als spätere Superinfektion bei vorbestehender aktiver HBV-Infektion. Die Simultaninfektion zeigt in der Regel eine mildere Symptomatik als die Superinfektion. Bei der Simultaninfektion hemmen sich HBV und HDV gegenseitig, was zu einer labilen Koexistenz der Viren führt. Entsprechend breit ist das klinische Erscheinungsbild. Nach einer Inkubationszeit von 45 bis 120 Tagen zeigen sich asymptomatische Verläufe bis hin zu fulminanten Hepatitiden, die bei HBV/HDV-Koinfektionen vermehrt auftreten. Häufig ist die Simultaninfektion klinisch nicht von einer akuten HBV-Monoinfektion zu unterscheiden. Im Serum der Patienten lassen sich aber meist zwei zeitlich versetzte Gipfel für HBV-DNA und HDV-RNA nachweisen. Bei über 90% der Patienten heilt die Simultaninfektion aus, die Chronifizierungsrate ist nicht höher als bei einer HBV-Monoinfektion.

Bei der Superinfektion kommt es nach einer Inkubationszeit von zwei bis vier Wochen zu einer ausgeprägten akuten Hepatitis mit einem erhöhten Risiko eines fulminanten Verlaufs. In 60 bis 70% der Fälle etabliert sich eine chronische HDV-Infektion. Die Leberzirrhose tritt 10 bis 15 Jahre früher auf als bei einer HBV-Monoinfektion, das Risiko für das Auftreten hepatozellulärer Karzinome ist erhöht. Die 5-Jahres-Letalität bei Patienten mit HDV-induzierter Leberzirrhose verdoppelt sich. Asymptomatische Verläufe oder eine spontane Ausheilung sind nach HDV-Superinfektion selten.

6.4 Prophylaxe und Therapie

Die Impfung gegen HBV schützt auch gegen eine HDV-Infektion. Die Expositionsprophylaxe umfasst zudem die Händehygiene sowie die Nutzung hinreichend desinfizierter bzw. sterilisierter Medizinprodukte bzw. stichsicherer Instrumente und deren ordnungsgemäße Entsorgung. Die empfohlene und bisher einzige wirksame Behandlung der HDV-Infektion erfolgt mit **Interferon-alpha.** Obwohl Remissionen erzielt werden können, bleiben die meisten Patienten HDV-RNA-positiv. Klinische Studien laufen derzeit mit Entry- (Myrcludex) und Prenylierungsinhibitoren (Lonafarnib) sowie einem Nukleinsäurepolymer (REP 2139-Ca) *[Wranke A et al. 2016]*. Zugleich sollte überprüft werden, ob eine Behandlung der HBV-Infektion indiziert ist. Die HBV-Reinfektionsprophylaxe nach Lebertransplantation kann eine HBV/HDV-Reinfektion verhindern. Als Verlaufsparameter unter Therapie ist allein eine quantitative HDV-NAT sinnvoll. Serologische Verläufe sind zur Therapiekontrolle ungeeignet.

6.5 Virusdiagnostische Methoden

Als Virusoid benötigt HDV die **Anwesenheit einer aktiven HBV-Infektion.** Daher sollte zuerst der **HBV-Serostatus** erhoben werden, bevor auf HDV untersucht wird. Eine Negativität von HBsAg – insbesondere der serologische Status einer alten, klinisch ausgeheilten HBV-Infektion – schließt eine HDV-Infektion aus. Da sich HBV und HDV gegenseitig hemmen, finden sich bei HBV/HDV-Koinfektionen oft nur niedrige Konzentrationen an HBV-DNA und manchmal auch HBsAg. 70 bis 90% der Patienten sind HBeAg-negativ *[Wedemeyer H et al. 2010]*. Für die diagnostische Abklärung einer HDV-Infektion stehen Nachweisverfahren für Anti-HDV sowie HDV-RNA zur Verfügung. Der direkte Nachweis von HDAg aus dem Blut gelingt nur in den ersten zwei Wochen nach Infektion, danach wird HDAg durch Anti-HDV maskiert. Die sensitivere NAT hat den HDAg-Test in der Routinediagnostik ersetzt.

6.5.1 Probenmaterialien, Transport und Lagerung

Serum- oder EDTA-Plasmaproben sollten innerhalb von 48 Stunden zum Labor transportiert werden. Vollblut sollte zur Vermeidung einer Hämolyse umgehend und auch stets vor längeren Transporten zentrifugiert werden, da der HDV-RNA-Nachweis beeinträchtigt werden kann. Der Anti-HDV-Nachweis ist weniger störanfällig. Bei längerer Lagerung bis zur Untersuchung ist das Probenmaterial bei −20 °C aufzubewahren.

6.5.2 Antikörpernachweis

Es werden immunologische Nachweisverfahren für Gesamt-Anti-HDV, Anti-HDV-IgG und -IgM kommerziell angeboten.

Die serologische Diagnostik gestaltet sich oft schwierig, da sich die Antikörpertiter und -verläufe je nach Infektionsmodus (Simultaninfektion versus Superinfektion) unterscheiden können. Bei der Simultaninfektion ist die Immunantwort oft gering ausgeprägt und es findet sich häufig nur eine kurze und niedrigtitrige Anti-HDV-IgM-Antwort. Anti-HDV-IgG lässt sich nicht oder erst nach vier bis sechs Monaten nachweisen. Bei der Superinfektion kommt es hingegen zu einer schnellen IgM-Antwort in der akuten Phase, wobei das Anti-HDV-IgM auch über einen längeren Zeitraum persistieren kann. Anti-HDV-IgG ist meistens erst nach vier Wochen nachweisbar.

Zu bedenken ist, dass das Anti-HDV-IgM bei anderen akuten Erkrankungen, beispielsweise bei akuter HBV-, HCV- oder EBV-Infektion, falsch-positive Ergebnisse zeigen kann. Insbesondere bei der Simultaninfektion oder in einem frühen Stadium der HDV-Infektion können Anti-HDV-Nachweise falsch-negative Resultate zeigen. Daher sollte die Untersuchung bei negativem Ergebnis und weiterbestehendem klinischen Verdacht wiederholt oder mittels NAT weiter abgeklärt werden. Nach jetzigem Kenntnisstand geht eine HDV-Virämie allerdings selbst bei immundefizienten Personen mit einer Anti-HDV-Bildung einher *[Wedemeyer H et al. 2010]*.

Eine Unterscheidung zwischen gegenwärtiger oder früherer Infektion ist mittels IgG-Nachweis nicht möglich. Das Anti-HDV-IgG kann Monate bis zwei Jahre nach Ausheilung der HDV-Infektion unter die Nachweisgrenze fallen, sodass ein negativer Befund eine frühere Infektion nicht ausschließt. Anti-HDV ist nicht gegen Oberflächenantigene gerichtet und zeigt somit keine neutralisierenden Antikörper an. Um falsch-positive Anti-HDV-IgM-Ergebnisse auszuschließen und um zwischen ausgeheilter und produktiver Infektion zu unterscheiden, sollten positive Antikörpernachweise stets mittels NAT weiter abgeklärt werden.

Die Abgrenzung einer Simultaninfektion von einer Superinfektion gestaltet sich schwierig und ist oft nicht möglich. Auf eine Simultaninfektion kann das zeitgleiche Auftreten von (hochtitrigem) Anti-HBc-IgM und Anti-HDV-IgM hinweisen. Die anfangs hohen Anti-HDV-IgG- und IgM-Titer fallen im weiteren Verlauf wieder ab. Bei vor allem nach Superinfektion vorkommenden, chronischen HDV-Infektionen persistiert in der Regel das Anti-HDV-IgM und ist gemeinsam mit Anti-HDV-IgG in hohen Konzentrationen nachweisbar.

Das HDV-Antigen lässt sich in der Inkubationszeit und der frühen akuten Phase nachweisen. Danach wird das Antigen durch Anti-HDV maskiert. Durch die kurze Nachweiszeit und die sensitivere NAT hat der unsichere Antigennachweis in der Diagnostik keine Bedeutung.

6.5.3 Nukleinsäurenachweis

In der Inkubationszeit zeigt sich eine hohe Virämie mit bis zu 10^{11} Gäq/mL, die dann im akuten und chronischen Status in der Regel wieder abfällt. Daher weist die NAT die höchste Sensitivität bei frischer, noch seronegativer HDV-Infektion auf. Eine Unterscheidung zwischen Simultan- und Koinfektion ist ohne HBV-Status ex ante nicht möglich.

Schwierigkeiten bei der Etablierung der NAT bereiten der hohe CG-Gehalt, die Selbstkomplementarität sowie die hohe Sequenzvariabilität der HDV-RNA. Dies ist wohl auch einer der Gründe, warum bisher kaum kommerzielle molekularbiologische Nachweisverfahren auf dem Markt sind und die meisten NATs In-house-Tests sind. Problematisch sind eine fehlende gute Standardisierung und die häufige Begrenzung auf einige Genotypen. Daher können falsch-negative Ergebnisse nicht ausgeschlossen werden, weshalb bei weiterhin bestehendem klinischen Verdacht auf eine HDV-Infektion eine Wiederholung der Untersuchung, gegebenenfalls auch mit einem alternativen Testverfahren, empfehlenswert ist. Mit dem Ziel der Standardisierung hat die WHO 2013 einen ersten Internationalen HDV-Standard etabliert. Die GfV hat zur Qualitätssicherung von In-house-Tests Validierungsvorgaben veröffentlicht *[www.g-f-v/Virusdiagnostik]*. Seit 2015 ist eine CE-IVD-zertifizierte quantitative HDV-PCR kommerziell erhältlich, die am 1. Internationalen Standard referenziert wurde und laut Anbieter eine Sensitivität von 6 IU/mL aufweist. Der Umrechnungsfaktor von IU in Genomäquivalente ist abhängig vom verwendeten Testverfahren. Daher sollten quantitative NATs zur Therapieüberwachung stets mit derselben Methode durchgeführt werden. Die Angabe beider Einheiten ist statthaft.

Die Genotypisierung kann sinnvoll zur Abschätzung der Pathogenität sein. Genotyp 1 zeigt im Vergleich zu den meisten anderen Genotypen eine höhere Rate an fulminanten Verläufen, während Genotyp 2 eher milde Infektionen verursacht *[Su CW et al. 2006]*. Der Genotyp 3 wurde bei mehreren Ausbrüchen mit besonders schweren Infektionen mit schlechter Prognose in Südamerika nachgewiesen *[Braga WS et al. 2014]*. Goldstandard ist die NAT mit anschließender Sequenzierung und der Abgleich in entsprechenden Referenz-Datenbanken. Sequenzvergleiche erlauben zusätzlich die Abklärung von Übertragungen und Infektionsketten.

6.5.4 Kritische Wertung

Jede Untersuchung auf Anti-HDV ist bei einer alten, klinisch ausgeheilten HBV-Infektion nicht indiziert und auch dann ohne Konsequenz, falls diese reaktiv sein sollte. Isolierte Nachweise von HDV-IgM sind ohne Bestätigung per HDV-NAT zurückhaltend zu bewerten, wenn laborchemisch und klinisch kein Hinweis auf eine Super- oder Simultaninfektion besteht. Im Zweifel ist eine Verlaufsuntersuchung nach 10 bis 14 Tagen empfehlenswert.

Ein Nachweis von HDV-RNA bei negativem HDV-IgG ist nur in der Frühphase der Infektion glaubhaft. In allen anderen Fällen ist eine Kontamination des Testansatzes zu prüfen.

6.6 Untersuchungsindikationen

Jeder Patient **mit HBsAg und/oder HBV-DNA** sollte mindestens einmal initial und bei klinischer Verschlechterung auf HDV untersucht werden. Besondere Aufmerksamkeit bedürfen Personen mit fulminanter Hepatitis, Exazerbation einer chronischen Hepatitis B, nachgewiesener akuter HBV-Infektion, Risikofaktoren oder mit Herkunft aus Endemiegebieten *[Cornberg M et al. 2011]*. Eine HBV-Konstellation, die typischerweise auf eine HDV-Koinfektion hindeuten kann, ist der **hochtitrige Nachweis von HBsAg bei gleichzeitig sehr geringem oder negativem HBV-DNA-Nachweis.**

HDV-infizierte Patienten weisen häufig Koinfektionen mit HCV und HIV auf, weshalb eine erweiterte Diagnostik empfehlenswert ist.

6.7 Meldepflicht

Verdacht, Erkrankung und Tod durch akute Hepatitis sind nach §6 IfSG meldepflichtig. Der Labornachweis ist dann nach §7 meldepflichtig, wenn er auf eine akute HDV-Infektion hinweist (erstmalige Nachweise von HDV-RNA bzw. HDAg oder Serokonversion von Anti-HDV-IgG). In Österreich besteht eine Anzeigepflicht, während in der Schweiz keine Regelungen vorliegen.

6.8 HDV-Standardpräparate

Hepatitis D Virus RNA for Nucleic Acid Amplification Techniques (NAT)-Based Assays (1st International Standard, 2013), lyophilisiertes Humanplasma, 575.000 IU/mL, PEI 7657/12, WHO 2013.2227

7 Hepatitis-C-Virus

7.1 Erreger

Bei dem zur Familie der *Flaviviridae*, Gattung *Hepacivirus* gehörenden Hepatitis-C-Virus (HCV) handelt es sich um ein umhülltes Virus mit einem einzelsträngigen, ca. 9600 Nukleotiden langen RNA-Genom mit positiver Polarität. Das translatierte Polyprotein wird durch zelluläre Signalasen sowie zwei viralen Proteasen (NS2, NS3) in die Strukturproteine C (Core), E1 sowie E2 (Hüllproteine) und in die Nichtstrukturproteine p7 sowie NS1 bis NS5 prozessiert. Die Nichtstrukturproteine kodieren u. a. für eine Serinprotease und Helikase (NS3), einen Kofaktor für die NS3-Serinprotease (NS4A), einen viralen Replikationsfaktor (NS5A) und die virale RNA-Polymerase (NS5B). Die hohe genomische Variabilität beruht auf der hohen Fehlerrate der RNA-abhängigen RNA-Polymerase ohne Korrekturlesefunktion. Es werden momentan sieben Genotypen sowie zahlreiche Genosubtypen, die mit kleinen Buchstaben bezeichnet werden, unterschieden *[Smith DB et al. 2014]*. Die Viruspartikel zeigen eine enge Kopplung an Lipidtröpfchen und werden endozytotisch von Hepatozyten, in denen der replikative Zyklus stattfindet, aufgenommen. Die Leberparenchymschädigung erfolgt hauptsächlich durch die Immunantwort des Wirts.

7.2 Epidemiologie

Die Hepatitis C kommt weltweit vor. Die WHO schätzt, dass etwa 71 Millionen Menschen chronisch mit HCV infiziert sind. Die Prävalenz liegt in den meisten Ländern unter 3%; Prävalenzen von bis zu 15% finden sich in einigen Ländern Afrikas und Asiens. Die sieben Genotypen weisen verschiedene geographische Verteilungsmuster auf. Der weltweit häufigste vorkommende Genotyp 1 dominiert v. a. in Europa und Amerika. Die Genotypen 2 und 3 kommen in wesentlich geringerem Ausmaß ebenfalls weltweit vor. Genotyp 4 kommt in Afrika, Genotyp 5 in Südafrika und Genotyp 6 in Hongkong, Vietnam und seit jüngster Zeit auch in Australien vor *[Messina JP et al. 2015]*. Der Genotyp 7 wurde in Zentralafrika nachgewiesen *[Murphy DG et al. 2015]*.

Auch in Europa zeigt die HCV-Prävalenz deutliche regionale Unterschiede mit einem starken Nord-Süd-Gefälle, von < 0,5% in den skandinavischen Ländern bis zu 3% in den östlichen Mittelmeerregionen und Mittelmeerländern und bis zu über 20% in einigen Regionen Italiens *[ECDC 2010, 2018]*. Deutschland gehört zu den Niedrigprävalenzländern. Hier weisen insbesondere Personen mit parenteralen Risikofaktoren eine HCV-Infektion auf. Die HCV-Antikörper-Prävalenz liegt in Deutschland bei 0,3%, wahrscheinlich ist aber aufgrund fehlender repräsentativer Vertretung von Risikogruppen in den Studien von einer deutlich höheren Prävalenz auszugehen *[RKI 2015]*.

7.3 Infektionsverlauf

Die Infektion mit Hepatitis C erfolgt parenteral. Als Risikofaktoren konnten Blutproduktgaben vor 1991, Nadelstichverletzungen, i. v.-Drogenabusus (IVDU) und die Verwendung nicht sachgerecht sterilisierter Nadeln bei Akkupunkturen, Tätowierungen oder Piercings eruiert werden. Sexuelle Übertragungen sind im Gegensatz zu Hepatitis B selten und beruhen meistens auf Blut-Blut-Kontakten bei entsprechenden sexuellen Praktiken. Die Wahrscheinlichkeit einer vertikalen Übertragung auf das Kind ist abhängig von der Viruskonzentration im Blut der Mutter und wird mit 1 bis 6% bzw. bei gleichzeitiger HIV-Koinfektion mit bis zu 36% angegeben *[Sarazin C et al. 2018]*. Bei ca. 20% der infizierten Patienten lässt sich kein Übertragungsweg feststellen.

Die akute Hepatitis C beginnt nach einer Inkubationszeit von zwei bis sechs Wochen, im Einzelfall aber auch erst nach sechs Monaten. Die Symptome der relativ milden anikterisch verlaufenden Hepatitis sind unspezifischer Natur mit Bauchschmerzen, Übelkeit, Appetitlosigkeit und allgemeiner Abgeschlagenheit. Im Serum zeigt sich meist nur eine geringe Erhöhung der Transaminasen auf einige 100 U/L. Die akute Hepatitis C wird daher häufig übersehen und nicht diagnostiziert. In nur 15 bis 20% der Fälle kommt es zu einem ikterischen Verlauf. Schwere akute Verläufe sind selten und werden hauptsächlich bei simultanen Koinfektionen mit anderen Hepatitisviren beobachtet.

In 50–80% der Fälle kommt es zu einer chronischen Hepatitis C, wobei das klinische Erscheinungsbild von fast völliger Gesundheit mit normalen Transaminasen bis hin zu schwerer, rasch progredienter Hepatitis reicht. Die bei 20 bis 30% der Patienten nach meist vielen Jahren auftretende Leberzirrhose kann zu Leberversagen oder Leberzellkarzinom führen. Die Aktivierung von B-Lymphozyten führt nicht selten zu erhöhter Immunglobulinproduktion, Kryoglobulinämie sowie zu Immunkomplexerkrankungen (vorwiegend bei Genotyp 2). Auch nach jahrelanger Persistenz kann die HCV-Infektion gelegentlich spontan ausheilen.

7.4 Prophylaxe und Therapie

Eine Impfung ist nicht verfügbar. Daher stehen eine Expositionsprophylaxe mit Händehygiene mit einem begrenzt viruzidem Desinfektionsmittel und die Nutzung hinreichend desinfizierter bzw. sterilisierter Medizinprodukte bzw. stichsicherer Instrumente und deren ordnungsgemäße Entsorgung im Vordergrund *[Schwebke I et al. 2017]*.

Die Zulassung direkt wirkender antiviraler Substanzen gegen HCV hat die Therapie in den letzten Jahren grundsätzlich verändert. Für die Genotypen 1 bis 6 liegen inzwischen Interferon-freie, effektive und nebenwirkungsarme Therapieempfehlungen mit relativ kurzer Behandlungsdauer vor. Angriffspunkte sind die Serinprotease NS3/4A, der virale Replikationsfaktor NS5A sowie mittels nukleosidischer und nicht-nukleosidischer Inhibitoren die RNA-Polymerase NS5B.

Zur Kontrolle der Wirksamkeit der Behandlung kann während der Therapie eine HCV-RNA-Bestimmung erfolgen. Eine Abschlussuntersuchung soll frühestens zwölf Wochen nach Therapiebeendigung durchgeführt werden. Kontolluntersuchungen nach 48 Wochen und im weiteren Verlauf können sinnvoll sein, um späte Rückfälle und Neuinfektionen bei Risikopatienten zu erkennen *[AWMF S3-Leitlinie, Register Nummer 021/012, 2018]*. Studien werden zeigen, ob und in welchen Kombinationen sich die neuen Virostatika auch zur Postexpositionsprophylaxe eignen und ob eine Genosubtypisierung vor Therapiebeginn noch notwendig sein wird.

7.5 Virusdiagnostische Methoden

7.5.1 Infektiosität und Lagerung von Proben

Die Stabilität von HCV hängt sehr stark von Temperatur und dem Umgebungsvolumen ab. Bei 4 °C und großem Volumen kann infektiöses Virus bis zu fünf Monate nachgewiesen werden, während bei sehr kleinen Volumina bei Raumtemperatur schon nach drei Tagen kein infektiöses Virus mehr vorhanden ist *[Paintsil E et al. 2010]*. Bei eingetrockneten Proben kann infektiöses Virus noch nach fünf Tagen isoliert werden *[Doerbecker J et al. 2011]*. Die RNA zeigt, unabhängig von der Infektiosität, eine hohe Stabilität und bleibt bis zu fünf Wochen bei Raumtemperatur in nahezu konstanter Menge nachweisbar *[Cisek S et al. 2010]*.

Als Probenmaterialien für die Diagnostik eignen sich Serum- oder EDTA-Plasmaproben. Bei serologischen Untersuchungen sollte das Probenmaterial innerhalb von 48 Stunden zum Labor transportiert werden. Bei längerer Lagerung bis zur Untersuchung sollte das Material bei –20 °C gelagert werden. Bei HCV-Schnelltesten wird auch Kapillarblut oder Speichel verwendet.

7.5.2 Antikörpernachweis

Der **immunologische Nachweis von Gesamt-Anti-HCV-IgG** dient als Suchtest auf eine HCV-Infektion. Die käuflich zu erwerbenden Tests erfassen Antikörper gegen das Core-Protein (Core) und verschiedene Nichtstrukturproteine (NS3, NS4, in einigen Fällen noch NS5) und erkennen nach bisherigem Stand alle Genotypen und Genosubtypen. Die Spezifitäten und Sensitivitäten der heute auf den Markt befindlichen Tests liegen bei über 98%.

Die Unterscheidung zwischen einer akuten und einer chronischen Infektion mittels getrenntem IgG- und IgM-Nachweis ist nicht möglich, da nur ca. 70% der frisch Infizierten IgM bilden und bei einem Teil der chronisch infizierten Patienten weiterhin IgM im Serum nachgewiesen werden kann. IgM-Tests werden daher nicht durchgeführt und sind kommerziell nicht erhältlich.

Anti-HCV weist selbst bei immunkompetenten Personen ein diagnostisches Fenster von im Mittel 80 Tagen auf, kann aber in Einzelfällen auch erst nach sechs Monaten positiv werden *[Arbeitskreis Blut 2003]*. Bei immundefizienten Personen kann die Antikörperbildung ganz fehlen, sodass ein negativer Screening-Test hier eine HCV-Infektion nicht ausschließt.

Der Nachweis von Anti-HCV nach früherer, ausgeheilter Infektion zeigt keine Immunität an. Eine Reinfektion mit HCV kann erneut erfolgen und ist dann nur mittels direktem Erregernachweis zu belegen.

Der **Immunblot** findet als Bestätigungstest für den Anti-HCV-Suchtest Verwendung. Ein positives Ergebnis liegt vor, wenn in der Regel mindestens zwei Banden gegen HCV-Proteine nachgewiesen werden (Details nach Angaben des jeweiligen Herstellers). Eine Unterscheidung zwischen HCV-Infektion oder Seronarbe nach ausgeheilter Infektion ist nicht möglich. Intermittierende Ergebnisse sollten nach sechs bzw. zwölf Monaten kontrolliert werden, oder wie auch jedes reaktive Testergebnis, mit einem HCV-Core-Antigentest oder einer NAT weiter abgeklärt werden.

7.5.3 HCV-Schnelltests

Die angebotenen Anti-HCV-Schnelltests detektieren Antikörper gegen das Strukturprotein C und verschiedene Nichtstrukturproteine (NS3, NS4, in einigen Fällen noch NS5). Die Spezifitäten für Schnelltests liegen für Speichel, Kapillarblut, Plasma oder Serum zwischen 75 und 99% und die Sensitivitäten zwischen 94 bis 99%. Der Einfluss verschiedener Genotypen wurde bisher nur in wenigen Studien untersucht.

Ein Schnelltest für Speichel wies ein verkürztes, alle anderen untersuchten Schnelltests ein verlängertes diagnostisches Fenster im Vergleich zu konventionellen serologischen Methoden auf. Problematisch sind Koinfektionen, v. a. mit HIV, die zu falsch-positiven Testergebnissen führen können *[Meyer T et al. 2016]*. Ein reaktives Testergebnis bedarf auch bei HCV-Schnelltesten einer weiteren diagnostischen Abklärung. Weiterführende Studien, die Handhabbarkeit und die Klärung über interne und externe Qualitätskontrollen werden zukünftig zeigen, ob HCV-Schnelltests einen Platz in der ambulanten Diagnostik in niedrigschwelligen Einrichtungen (IVDU-Ambulanzen u. ä.) einnehmen werden.

7.5.4 HCV-Core-Antigennachweis

Seit 2009 befindet sich ein immunologischer Test zum Nachweis des Strukturproteins C auf dem Markt. Das 95%-Intervall der analytischen Sensitivität liegt je nach Genotyp zwischen 3,9 bis 13,5 fmol/L Core-Protein. Das entspricht in der NAT etwa 430 bis 2700 IU/mL HCV-RNA. Bei niedrigen Viruskonzentrationen kann daher der Core-Antigentest falsch-negativ ausfallen. Die Spezifität liegt bei über 99% *[Ross RS et al. 2010; Medici MC et al. 2011; Tillman HL 2014]*. Falsch-positive Werte treten vermehrt auf, wenn Anti-HCV und Core-Antigen gleichzeitig im Gerät gemessen werden, weshalb auf eine strikte zeitliche Trennung der beiden Tests geachtet werden muss.

Vorteile des Core-Antigentests sind eine Verkürzung des diagnostischen Fensters um 4 bis 16 Tage gegenüber dem alleinigen Screening auf Anti-HCV sowie die Möglichkeit des Nachweises einer HCV-Infektion bei Patienten, die kein Anti-HCV bilden können *[Ross RS et al. 2010]*. Der Core-Antigennachweis könnte somit als Bestätigungstest in der primären HCV-Diagnostik Anwendung finden. Aufgrund der im Vergleich zur NAT geringeren Sensitivität bietet sich der Core-Antigentest nicht zur Überwachung der antiviralen HCV-Therapie an.

7.5.5 Nukleinsäurenachweis

Die NAT ist die sensitivste Nachweismethode für eine HCV-Infektion. Die heute auf dem Markt befindlichen Testverfahren erfassen 10 bis 20 IU/mL HCV-RNA. Die Umrechnung von IU auf Genomäquivalente konnte trotz zweier WHO-Standards noch nicht vereinheitlicht werden. Je nach Testsystem entspricht 1 IU zwischen 0,9 bis 5,2 Genomäquivalenten. Daher sollte bei Patienten zur Vergleichbarkeit der Testresultate stets dasselbe Verfahren Anwendung finden.

HCV-RNA lässt sich im Regelfall ein bis sechs Wochen nach Infektion detektieren *[Marwaha N et al. 2014]*. Bei negativer NAT und noch weiterbestehendem Verdacht auf eine HCV-Infektion sollte die Untersuchung nach sechs und zwölf Monaten wiederholt werden. Erhöhte Hämoglobinwerte in der Probe können zu falsch-negativen Ergebnissen führen. Hier kann differentialdiagnostisch der weniger sensitive, aber weniger Hämoglobin-störanfällige Core-Antigentest weiterhelfen.

Die HCV-Geno(sub)typisierung und genotypische Resistenztestungen bei vorbehandelten Patienten werden derzeit noch bei der Therapieplanung eingesetzt. Beispielsweise wird empfohlen, vor einer Therapie mit Grazoprevir und Elbasvir bei Patienten mit Genotyp 1a und evtl. vor einer Therapie mit Daclatasvir oder Velpatasvir in Kombination mit Sofosbuvir bei Genotyp 3 eine NS5A-Resistenztesung durchzuführen. Bei Therapieversagen sollte vor der Re-Therapie eine unzureichende Compliance ausgeschlossen werden und eine Resistenzanalyse erfolgen *[AWMF S3-Leitlinie, Register Nummer 021/012, 2018]*.

Der Goldstandard ist die NAT mit anschließender Sequenzierung und der Abgleich in Datenbanken, z. B. geno2pheno. Die Einführung pangenotypischer Therapieschemata könnte die prätherapeutische Genotypisierung in den nächsten Jahren obsolet werden lassen. Sequenzvergleiche werden hingegen weiterhin zur Abklärung von Ausbruchsgeschehen und Infektionsketten von Bedeutung bleiben.

7.5.6 Kritische Wertung

Die HCV-Diagnostik im Screening besteht aus Suchtest und Bestätigungstest. Jedes reaktive Ergebnis im Anti-HCV-Suchtest muss mittels Immunblot, HCV-Core-Antigennachweis oder NAT bestätigt werden, bevor dem Patienten eine Diagnose mitgeteilt werden kann.

Falsch-reaktive Ergebnisse können beispielsweise bei Schwangerschaft, rheumatoiden Erkrankungen, polytransfundierten Patienten oder bei akut HBV- und HIV-infizierten Patienten vorkommen. Anderseits kann eine akute HCV-Infektion andere serologische Tests beeinflussen und zu falsch-reaktiven IgM-Ergebnissen führen, was die differentialdiagnostische Abgrenzung zu anderen, die Leber betreffenden Virusinfektionen, wie z. B. EBV oder HCMV, erschweren kann. Zudem gehört Deutschland zu den Niedrigprävalenzländern. Daher weisen negative Anti-HCV-Suchtests einen hohen negativ prädiktiven Wert von 95% auf, während positive Anti-HCV-Suchtests nur einen positiv prädiktiven Wert von < 20% zeigen *[Sarazin C et al. 2018]*.

Nach spontan ausgeheilter oder erfolgreich therapierter HCV-Infektion kann in den Folgejahren die Anti-HCV-Konzentration derart sinken, dass serologische Untersuchungen in den Grenzbereich geraten oder ganz negativ werden. Oft genügt die Antikörperkonzentration dann auch nicht mehr, um im Immunblot eine klare Aussage zu erhalten. Bei diesen Fällen kann (wenn kein Vorbefund vorliegt) eine frühere Infektion nicht immer sicher festgestellt oder ausgeschlossen werden. Diese ist außerhalb epidemiologischer Untersuchungen aber meist auch irrelevant, da nur die aktive HCV-Infektion therapeutische und prognostische Konsequenzen nach sich zieht.

Der direkte Erregernachweis beweist die Infektion. Falsch positive HCV-Core-Ag-Ergebnisse können jedoch aufgrund einer Kreuzkontamination im Gerät entstehen, wenn entgegen den Empfehlungen ein Anti-HCV- und HCV-Core-Ag-Test gleichzeitig durchgeführt werden. Core-Ag-Test-Ergebnisse im unteren Bereich (etwa < 100 fmol/L) sollten mittels HCV-NAT immer bestätigt werden, wenn dies der erste direkte, meldepflichtige Nachweis von HCV sein sollte.

7.6 Untersuchungsindikationen

7.6.1 Personen mit Risikofaktoren

Die Untersuchung auf eine HCV-Infektion ist bei allen Patienten mit erhöhten Transaminasen, dem klinischen Verdacht auf eine Hepatitis, Risikogruppen oder unklarer

Lebererkrankung indiziert. Besonderes Augenmerk ist dabei auf Personen mit Risikofaktoren wie beispielsweise Blutproduktempfänger vor 1991, Personen aus Ländern mit erhöhter HCV-Prävalenz, Insassen von Justizvollzugsanstalten und IVDU zu legen. Haushaltsangehörige oder Sexualpartner von HCV-infizierten Partnern weisen ein erhöhtes HCV-Infektionsrisiko auf *[Thome RA et al. 2010]*. Nicht selten findet man bei HIV- oder HBV-infizierten Personen eine Koinfektion mit HCV *[Sarazin C et al. 2018]*.

7.6.2 Kinder von HCV-infizierten Müttern

HCV wird nach heutigem Wissensstand nicht beim Stillen übertragen. Trotz eines geringen Risikos der vertikalen HCV-Übertragung auf das Kind sollen Kinder HCV-positiver Mütter getestet werden *[Nationale Stillkomission 2008]*. Hierbei muss beachtet werden, dass **maternales Anti-HCV plazentagängig** ist und noch bis zu sechs Monate im Kind nachweisbar ist und der Anti-HCV-Test sich daher nicht als Suchtest eignet.

7.6.3 Dialyse, Transfusionsmedizin und Transplantationen

Dialysepatienten sollten vor Beginn der Therapie und anschließend alle sechs bis zwölf Monate auf HCV untersucht werden *[Girndt M 2010]*. Da bei Dialysepatienten die Bildung von Anti-HCV ausbleiben kann, empfiehlt sich parallel ein direkter Virusnachweis. Sowohl Blut- und Transplantatspender als auch -empfänger müssen entsprechend den national geltenden Richtlinien auch mittels NAT auf HCV getestet werden.

7.6.4 Nosokomiale Infektionen und Nadelstichverletzung

Um nosokomiale HCV-Infektionen im Gesundheitsdienst zu vermeiden, soll jede Person mit übertragungsträchtiger Tätigkeit zu Beginn und während der beruflichen Laufbahn regelmäßig auf Anti-HCV getestet werden *[DVV 2017]*.

Nach Nadelstichverletzung soll beim Exponierten Anti-HCV zum Ausschluss einer Infektion vor Exposition untersucht werden. Die Untersuchung auf HCV-RNA frühestens in der zweiten bis vierten Woche, gegebenenfalls erneut auch in der sechsten bis achten Woche zum Ausschluss einer akuten Infektion, ist auch hinsichtlich übertragungsträchtiger Tätigkeiten (beispielsweise Thoraxchirurgie oder gynäkologische OPs), zu empfehlen. Nach 12 und 24 Wochen sollen abschließende Anti-HCV-Suchtests erfolgen *[Sarrazin C et al. 2018; DVV 2017]*.

7.7 Meldepflicht

Nach §6 Abs. 1 Nr. 1 IfSG sind der Krankheitsverdacht, die Erkrankung sowie der Tod an akuter Virushepatitis namentlich meldepflichtig. Jeder direkte Nachweis von Hepatitis-C-Virus mittels Core-Antigentest oder NAT ist nach §7 Abs. 1 IfSG namentlich meldepflichtig, solange nicht bekannt ist, ob eine schon gemeldete Infektion vorliegt. In Österreich ist die HCV-Infektion bei Verdacht, Erkrankung und Tod nach §1 Epidemiegesetz anzeigepflichtig und in der Schweiz nach der „Verordnung des EDI über die Meldung von Beobachtungen übertragbarer Krankheiten des Menschen“ ebenfalls bei laboranalytischem Befund meldepflichtig.

7.8 HCV-Standardpräparate

Anti-HCV

Anti-HCV Quality Control Reagent Sample 1 (2015), defibriniertes Humanplasma, Pool aus verschiedenen Anti-HCV-positiven Spendern, NIBSC 15/B669-xxx

Core-Antigen

Hepatitis C Virus (HCV) core antigen (*1st WHO International Standard*, 2014), lyophilisiertes Humanplasma, 3200 IU/mL, PEI 129096/12, WHO 2014.2247

HCV-RNA

PEI-Referenzpräparat HCV-RNA, lyophilisiertes Humanplasma, 80.000 IU/mL Genotyp 1 (kalibriert gegen den 1st International Standard, 1997, NIBSC 96/790, PEI 3443/04

HCV NAT (5th WHO International Standard, 2016), lyophilisiertes Humanplasma, 100.000 IU/mL Genotyp 1a, NIBSC 14/150, WHO 2015.2262

Genotypen-Panels

HCV-Genotype-Panel, Genotypen 1–6, Nationales Referenzzentrum für Hepatitis-C-Viren, Universitätsklinikum Essen, Institut für Virologie

4th Non WHO HCV RNA Genotype Panel (2015), Genotypen 1–6, Humanlasma. 300–1700 IU/mL je Genotyp, NIBSC 14/290

8 Hepatitis-E-Virus

8.1 Erreger

Das Hepatitis-E-Virus (HEV) konnte erstmals bei einem Ausbruch einer oral übertragenen Non-A-Non-B-Hepatitis 1978 in Kaschmir beschrieben werden *[Khuroo MS et al. 1980]*. Das unbehüllte Virus wurde morphologisch zunächst der Familie der *Caliciviridae* zugeordnet *[Balayan MS et al. 1983]*; aufgrund der abweichenden Genomorganisation erfolgte später eine Einordnung als bislang einzige Spezies der neu geschaffenen Familie *Hepeviridae*, Gattung *Orthohepevirus*. Die phylogenetischen Analysen verschiedener animaler und humaner Isolate führten zu dem Vorschlag, die humanen HEV-Isolate der neuen Spezies *Orthohepevirus A*, Gattung *Orthohepevirus* zuzuordnen *[Smith DB et al. 2014; Johne R et al. 2014]*.

Das HEV besteht aus einem 32 bis 34 nm im Durchmesser großen, ikosaedrischen Kapsid, in dem eine etwa 7200 nt lange RNA mit positiver Polarität verpackt ist. Die drei verschiedenen Leserahmen kodieren für die Nicht-Strukturproteine (ORF1), das (vermutlich einzige) Kapsidprotein (ORF2) und ein kleines immunogenes Phosphoprotein (ORF3).

Humanes HEV kann derzeit in vier Genotypen differenziert werden, die geographisch unterschiedlich verteilt sind und auch eine unterschiedliche Pathogenität aufweisen. Die humanen Genosubtypen werden wie folgt unterschieden:

- HEV-1-Subtypen a bis e (asiatische Ausbruchsisolate)
- HEV-2-Subtypen a und b (Mexiko, Afrika)
- HEV-3-Subtypen a bis j (Europa, Nord-Amerika, industrialisierte Länder und dort auch Isolate aus Haus- und Wildschweinen, Rehen)
- HEV-4-Subtypen a bis g (sporadische Hepatitis in Asien, Isolate in Hausschweinen)

Serologisch verhalten sich die verschiedenen Genotypen einheitlich und können in Infizierten eine partielle Kreuzimmunität induzieren *[Huang W et al. 2008]*. Die Genotypen HEV-5 bis -8 wurden bislang nicht beim Menschen, sondern nur in Wildschweinen und Kamelen gefunden. Eine einzelne Fallbeschreibung fand eine HEV-7-Infektion bei einem Lebertransplantierten, mutmaßlich nach Genuss von Kamelmilch und Kamelfleisch *[Lee GH et al. 2016]*.

8.2 Epidemiologie

Eine akute HEV-Infektion war seit ihrer Entdeckung eine vorwiegend in den tropischen Gebieten Asiens und Afrikas vorkommende, fäkal-oral übertragbare Virushepatitis. Größere HEV-Ausbrüche sind immer wieder mit Flutkatastrophen und kontaminierter Wasserversorgung assoziiert. Diese **weltweit häufigste Form der akuten Hepatitis** geht fast ausschließlich auf HEV-1 und HEV-2 zurück. Diese Genotypen zeigen eine hohe Letalität bei Schwangeren und Patienten mit Lebererkrankung.

Nach Schätzungen werden weltweit etwa 20 Millionen Infektionen jährlich von HEV-1 und -2 verursacht, davon etwa 3,5 Millionen symptomatische Hepatitiden, 70.000 Todesfälle und 3000 Totgeburten *[Rein DB et al. 2012]*. Bisherige Testverfahren in der Routinediagnostik konnten diese HEV-Fälle (auch als importierte Reiseinfektion) gut erkennen. In Europa wurde das häufige Vorkommen des HEV-3 lange Zeit nicht erkannt, da die Infektion fast immer asymptomatisch und selbstlimitierend verläuft, selten eine ausreichende HEV-Diagnostik durchgeführt wurde und kommerzielle serologische Tests bei HEV-3-IgG viel zu insensitiv waren.

In Deutschland liegt die HEV-IgG-Seroprävalenz bei etwa 17 bis 20%, was jährlich mindestens 100.000 Infektionen entspricht, von denen mehr als 99% asymptomatisch verlaufen. In Deutschland wie auch in Europa insgesamt haben sich die Meldezahlen der akuten Hepatitis E von 2005 bis 2015 etwa verzehnfacht *[ECDC 2017]*. Der Anstieg, insbesondere seit 2011, ist der gesteigerten Aufmerksamkeit in der Differentialdiagnostik und der signifikant häufiger durchgeführten HEV-Diagnostik geschuldet. Nach Untersuchungen an historischen Serumproben aus Deutschland, Dänemark und England hat die HEV-Prävalenz in den letzten 20 Jahren jedoch abgenommen *[Mahrt H et al. 2018]*. Damit spiegeln die Meldezahlen in den letzten Jahren keine tatsächlich sich ausbreitende Infektionsrate wider, sondern sind ein diagnostisches Paraphänomen.

HEV-3 wird in den Industrienationen weniger durch kontaminiertes Trinkwasser, sondern wahrscheinlich als Zoonose durch unzureichend gegartes Schweinefleisch übertragen. Eine Übertragung durch Blutprodukte und Organspenden ist ebenfalls möglich.

8.3 Klinische Verläufe

Die Infektion erfolgt meist nach fäkal-oraler Übertragung der Viren. Die Symptome einer akuten Hepatitis E können sich nach einer Inkubationszeit von 15 bis 50 Tagen (im Durchschnitt 25 bis 30 Tage) manifestieren. Etwa eine Woche vor Ausbruch der Erkrankung kann HEV-RNA im Serum und Stuhl nachgewiesen werden. Bei Immunkompetenten sind spezifische Antikörper mit Beginn der Erkrankung fast immer nachweisbar.

Hepatitiden durch HEV-1 und HEV-2 sind in Europa importierte Reiseinfektionen, die bei Schwangeren (v. a. im dritten Trimenon), Immundefizienten und Lebererkrankten zu schweren und fulminanten Verläufen führen können. Die autochthonen Infektionen mit HEV-3 sind in Europa hingegen ein spezielles und ernstes Problem bei schwer T-zellulär immundefizienten Patienten überwiegend nach Organtransplantation. Bei Immunkompetenten und Schwangeren ist die HEV-3-Infektion fast immer asymptomatisch und selbstlimitierend, die virologische Diagnose oft nur ein Zufallsbefund.

Bei einer seltenen symptomatischen HEV-3-Infektion kommt es zu allen typischen Symptomen der akuten Virushepatitis, sehr selten kann es auch im Rahmen einer solchen symptomatischen Infektion zu fulminanten Verläufen mit Leberversagen kommen. Neben der akuten Hepatitis können auch ZNS-Symptome oder eine Niereninsuffizienz auftreten. Eine signifikante Assoziation mit Autoimmunphänomenen wie der Kryoglobulinämie oder Autoimmunhepatitis wird diskutiert.

8.4 Prophylaxe und Therapie

Eine empfohlene Impfung gegen HEV steht in Deutschland derzeit nicht zur Verfügung. Somit steht die Expositionsprophylaxe zur Vermeidung einer Infektion im Vordergrund. Auf Reisen in Endemiegebiete des Genotyps 1 und 2 sollte auf nicht-abgekochtes Leitungswasser oder auf möglicherweise kontaminierte Speisen und Getränke verzichtet werden. Der Verzicht von rohen oder unzureichend erhitzten Speisen, insbesondere Schweinefleisch und Wild, schützt in Endemiegebieten mit Genotyp 3 oder 4 vor einer Infektion. Allerdings sind auch Infektionen durch den Verzehr von kontaminierten Lebensmitteln, wie beispielsweise Gemüse und Salat, die zum rohen Verzehr geeignet sind, beschrieben. Es sollte auf Händehygiene und die Verwendung eines viruziden Desinfektionsmittels hingewiesen werden, auch wenn die Mensch-zu-Mensch-Übertragung weitestgehend keine Bedeutung hat. Die HEV-Infektion bedarf in der Regel keiner Behandlung. Bei besonders schweren oder chronischen Verläufen bei immunsupprimierten Patienten kann eine Therapie mit Ribavirin oder pegyliertem Interferon-alpha erwogen werden.

8.5 Diagnostische Methoden

Für die serologische Diagnostik stehen Immunassays für Anti-HEV-IgG und -IgM sowie IgG-/IgM-Immunblots zur Verfügung. Die Sensitivität gegenüber verschiedenen Genotypen kann auch bei kommerziellen Assays unterschiedlich ausfallen. Daher hat zur Bestätigung einer akuten HEV-Infektion, zur Diagnostik in der Inkubationsphase sowie zum Nachweis der Infektion bei Immundefizienten die HEV-NAT eine herausragende Stellung. Eine qualitativ akzeptable HEV-Diagnostik muss das Laborangebot der HEV-NAT stets beinhalten. Die NAT ist in der Aussagekraft dem IgM-

Immunblot als Bestätigungstest überlegen. Der Nachweis viraler HEV-Antigene hat in der Routinediagnostik keine Bedeutung.

Es sind qualitative und quantitative Nachweisverfahren der HEV-RNA verfügbar. Quantitative NATs sind seit 2011 mit einem vom PEI etablierten internationalen WHO-Standard in IU/mL kalibrierbar. Das Standardpräparat repräsentiert HEV-3a, sodass je nach verwendeter NAT die Sensitivität und Vergleichbarkeit bei anderen Genotypen möglicherweise nicht ausreichend gegeben sind. Aufgrund der hohen Variabilität von HEV und der zusätzlichen Entstehung zahlreicher Quasispezies unter Therapie kann es durch nicht mehr optimal passende Primer zu Unterschätzungen der Viruskonzentration oder falsch-negativen Ergebnissen kommen. Zum Nachweis einer akuten Hepatitis E sind qualitative NAT-Verfahren ausreichend, bei schweren Verläufen und unter Therapie ist eine quantitative NAT hilfreich.

Die HEV-NAT wird üblicherweise aus Serum oder EDTA-Plasma durchgeführt, ein Nachweis im Stuhl ist möglich, aber meist nicht notwendig. Nach Abklingen der akuten Symptome bei Immunkompetenten ist HEV-RNA im Stuhl und Serum innerhalb weniger Wochen nicht mehr nachweisbar.

Eine Genotypisierung ist in Mitteleuropa dann anzustreben, wenn eine akute HEV-Infektion als Reiseinfektion erworben sein könnte, also die Möglichkeit einer HEV-1- oder -2-Infektion gegeben ist, und Risikopersonen (Schwangere, Lebererkrankte) betroffen sind. Darüber hinaus vermögen die Subtypisierung und Sequenzanalyse Infektionsketten und -quellen bei epidemiologischen und forensischen Fragestellungen zu belegen.

Der Nutzen einer Sequenzierung zum Nachweis einer möglichen **Ribavirinresistenz** ist derzeit noch nicht ausreichend belegt. Eine Ribavirintherapie erhöht die Anzahl zirkulierender Quasispezies. In vitro gibt es Hinweise auf ein geringeres Ansprechen, wenn die Mutation G1643R in der viralen Polymerase vorliegt *[Todt D et al. 2016]*. Die klinische Bedeutung ist noch unklar.

8.6 Untersuchungsindikationen

In der Stufendiagnostik ist eine serologische Untersuchung auf HEV nach Ausschluss der bei uns häufigsten symptomatischen Virushepatitiden zu erwägen, bei Immunkompetenten ist die Aussagekraft eines negativen serologischen Befundes hoch. Bei Immundefizienten ist diese jedoch nicht ausreichend. Eine Screening-Untersuchung auf HEV-IgG ohne Verdacht auf eine Virushepatitis ist nicht sinnvoll.

8.7 Hepatitis E bei Immundefizienten

Bei schwer immundefizienten Patienten kann eine HEV-Infektion chronifizieren und rasch eine **progrediente Leberzirrhose** mit konsekutivem **Leberversagen** verursachen. Sehr häufig erfolgt bei diesen Patienten nur eine sehr späte (nach Monaten oder Jahren) oder keine Induktion von nachweisbaren Antikörpern. Die Durchführung einer HEV-NAT ist bei diesen Patienten obligatorisch. Da die Serologie in diesen Fällen keine weiteren Aussagen zulässt, kann diese hier unterbleiben und bei Dringlichkeit der Anforderung die HEV-NAT vorgezogen werden. Die Interpretation von serologischen Befunden ohne HEV-NAT ist bei Transplantierten ärztlich nicht vertretbar.

Der erstmalige **Nachweis von HEV-RNA** ist dem Einsender unverzüglich auch **telefonisch mitzuteilen,** da unmittelbar eine Therapieentscheidung zu treffen und eventuell entsprechende persönliche Hygienemaßnahmen einzuleiten sind.

8.7.1 Immunitätsabklärung

Gegen HEV existiert ein erprobter Impfstoff, der auch bei Schwangeren eine ausreichende Verträglichkeit und Sicherheit zeigt *[Zhu FC et al. 2010]*. Dieser ist bislang in Deutschland jedoch nicht zugelassen. Seine ausreichend schützende Wirkung besonders bei von HEV-3 betroffenen Transplantationspatienten ist unklar. Sowohl nach Infektion als auch durch Impfung induzierte Antikörper zeigen keine ausreichend neutralisierende Wirkung, um eine erneute Infektion in jedem Fall zu verhindern. Sie führen jedoch zu einem milderen Verlauf bei einer Zweitinfektion *[Zhang J et al 2013]*. Für eine serologische Untersuchung zur Bestimmung einer Immunität gibt es daher keine ausreichend belegte Indikation.

8.7.2 Therapiemonitoring

Zur Kontrolle unter antiviraler Therapie ist die quantitative **HEV-NAT** geeignet. Ziel der Therapie ist die **anhaltende HEV-RNA-Negativität** im Serum als Zeichen der Elimination des Virus. Für den Nachweis einer Negativität ist auch eine qualitative NAT möglich.

Da die derzeitige Therapie mit Ribavirin mit erheblichen Nebenwirkungen verbunden ist (schwere Anämien), ist für die rechtzeitige Beendigung oder Intensivierung des Therapieschemas die **Kontrolluntersuchung mittels NAT** entscheidend. Da die Vergleichbarkeit der HEV-NAT-Assays nicht immer gegeben ist, sollte die Therapiekontrolle kontinuierlich mit der stets gleichen Methodik erfolgen, um signifikante Änderungen des Ergebnisses bezüglich der Therapieentscheidung richtig zu interpretieren.

8.8 Kritische Wertung

Reaktive HEV-IgM-Befunde sind dann kritisch zu bewerten, wenn kein HEV-IgG und in der Bestätigung keine HEV-RNA im Serum nachweisbar ist. Häufig unspezifisch reaktive HEV-IgM-Befunde sind durch Immunblot oder besser mittels NAT zu verifizieren.

Da bei der Risikogruppe der Transplantierten häufig Immunglobuline und andere Blutprodukte gegeben werden, ist ein passiver Erwerb von HEV-IgG möglich. Der Einsender hat die Gabe solcher Präparate innerhalb der letzten acht Wochen vor Untersuchung dem untersuchenden Labor mitzuteilen.

8.9 Meldepflicht

In Deutschland besteht beim direkten Erregernachweis gemäß §7 IfSG eine Labormeldepflicht sowie beim serologischen Nachweis, wenn dieser auf eine akute Infektion hindeutet (Serokonversion oder spezifischer IgM-Nachweis). HEV fällt auch unter den §34 IfSG (Gesundheitliche Anforderungen für Schulen und sonstige Gemeinschaftseinrichtungen). In Österreich besteht nach §1 Epidemiegesetz eine Anzeigepflicht bei Verdachts-, Erkrankungs- und Todesfällen bei Hepatitis E. In der Schweiz besteht Meldepflicht nach der „Verordnung des EDI über die Meldung von Beobachtungen übertragbarer Krankheiten des Menschen" bei laboranalytischem Nachweis.

8.10 HEV-Standardpräparate

Anti-HEV

Anti-Hepatitis E Serum (*1st WHO International Standard Panel, 1997*), lyophilisiertes Humanserum, 50 U/Ampulle, NIBSC 95/584, WHO 97.1869

HEV-RNA

Hepatitis E Virus RNA Nucleic Acid Amplification Techniques (NAT)-Based Assays (*1st WHO International Standard, 2011*), lyophilisiertes Humanplasma, Genotyp 3a, 250.000 IU/mL, PEI 6329/10, WHO 2011.2175

PEI-Kontrollreagenz HEV-RNA, Humanplasma, 8.100 IU/mL Genotyp 3c, PEI 12585/18

Genotypenpanel

Hepatitis E virus RNA genotype panel for NAT assays (*1st Reference Reagent, 2015*) lyophilisiertes Humanplasma und Stuhl, Genotypen 1a/e, 3b/c/e/f, 3 (rabbit-like), 4 c/g, 2a, PEI 8578/13, WHO 2015.2264

9 Parvovirus B19

9.1 Erreger

Das Parvovirus B19 (PVB19 oder B19V) ist ein unbehülltes Virus, dessen einzelsträngiges DNA-Genom von ca. 5600 Nukleotiden mit etwa gleicher Häufigkeit als Plus- oder Minusstrang verpackt wird. Das Genom kodiert für die Strukturproteine VP1 und VP2. Neben dem multifunktionellen, für die Replikation essenziellen und auch die Apoptose-induzierenden **Nichtstrukturprotein NS1** findet man im Genom Leserahmen für zwei weitere Nichtstrukturproteine (11-kDa- und 7,5-kDa Protein), deren Funktion nicht eindeutig geklärt ist *[Cassinotti P und Siegl G 2002; Kerr JR und Modrow S 2006]*.

Bisher ist nur ein Serotyp des Parvovirus B19 bekannt, der genetisch aber heterogen ist, sodass drei Genotypen beschrieben werden *[Young NS und Brown KE 2004]*. Genotyp I ist weltweit verbreitet, während Genotyp II vor allem in Skandinavien, Japan und Deutschland in Gewebeproben älterer Personen zu finden ist. Genotyp III – ursprünglich als V9-Isolat bezeichnet – wurde in Frankreich und Westafrika beschrieben *[Kerr JR und Modrow S 2006]*.

9.2 Infektionsverlauf

Die Übertragung erfolgt zumeist über Aerosole, selten parenteral *[Cassinotti P und Siegl G 2002]*. Nach einer Inkubationszeit von sieben bis zehn Tagen kommt es bei dem klassischen Bild des *Erythema infectiosum* zu unspezifischen Krankheitszeichen wie Fieber, Kopfschmerzen, Übelkeit und Myalgien; 10 bis 14 Tage p. i. entwickelt sich ein flüchtiges makulopapulöses Exanthem, das meist zwei bis drei Tage andauert, aber gelegentlich bis zu zwei bis drei Wochen – in der Intensität fluktuierend – bestehen kann.

Die Infektionen verlaufen bei 30% der Infizierten inapparent. Neben dem *Erythema infectiosum* kommt es auch bei ansonsten asymptomatischen Verläufen – bedingt durch den lytischen Vermehrungszyklus in erythroiden Vorläuferzellen – zu Anämien unterschiedlichen Schweregrads *[Cassinotti G und Siegl G 2002]*.

Werden seronegative Schwangere infiziert, kann das Virus intrauterin auf den Fötus übertragen werden. Das Virus vermehrt sich dort vor allem in den erythroiden Vorläuferzellen der fetalen Leber. Vor der 20. Schwangerschaftswoche sind 3,9% der akuten Infektionen mit der Ausbildung eines *Hydrops fetalis* verbunden, der durch intrauterine Erythrozytentransfusion behandelt werden kann *[Enders M et al. 2004]*.

Sowohl bei immunsupprimierten als auch bei immunkompetenten Patienten kommen persistierende Infektionen vor. Die klinische Bedeutung ist bei Letzteren unklar.

Infektionen des ZNS, des Myokards, Vaskulitiden und Hepatitiden sind beschrieben, aber insgesamt selten *[Kerr JR und Modrow S 2006]*.

9.3 Virusdiagnostische Methoden

9.3.1 Serologische Nachweise

Antikörpernachweis

Antikörper gegen PVB19 werden bei Kontakt mit dem Virus gebildet. IgM-Antikörper erscheinen etwa zehn Tage nach Infektion und bleiben bis zu drei Monate nachweisbar *[Cassinotti P und Siegl G 2002]*. Sie sind mitunter jedoch nur für einen kurzen Zeitraum von ein bis zwei Wochen mittels ELISA detektierbar. Während der virämischen Phase der akuten Infektion kann der IgM-Nachweis aufgrund der Ausbildung von Virus-Antikörperkomplexen auch negativ ausfallen *[Bredl S et al., 2011]*. Spezifische IgG-Antikörper werden wenige Tage nach den IgM-Antikörpern nachweisbar und persistieren über Jahre.

Die für serologische Untersuchungen vorgesehenen Serumproben sollen zügig – innerhalb von 48 Stunden – bei RT oder gekühlt zum untersuchenden Labor befördert werden. Bis zur Untersuchung soll das Material bei –20 °C gelagert werden. Zur Untersuchung werden kommerziell erhältliche EIA-Kits verwendet.

Nachweis von viralen Antigenen

Ein Nachweis von Parvovirus-B19-Antigenen ist in Speziallaboren mit EIA, Immunpräzipitation und Hämagglutination aus dem Serum während der virämischen Phase möglich, jedoch unüblich. Der Nachweis erfolgt vorzugsweise gegen Ende der Inkubationszeit (fünf bis zehn Tage p. i.), also vor Symptombeginn.

9.3.2 Nukleinsäurenachweise

Der Einsatz von NAT zum Nachweis von Parvovirus-B19-DNA aus Plasma und Serum ist mit kommerziell erhältlichen oder In-house-PCR möglich. Für die Untersuchung wird Serum oder EDTA-Plasma möglichst zügig, jedoch innerhalb von 48 Stunden, an das untersuchende Labor versandt.

Indikationen für eine qualitative oder quantitative NAT sind Untersuchungen auf eine fragliche Parvovirus-B19-Virämie bei akut oder persistierend infizierten Patienten und bei Schwangeren.

Quantitative NAT-Verfahren zum Nachweis von PVB19-DNA sind publiziert und kommerziell erhältlich. Die Viruskonzentration liegt in der Akutphase der Infektion vor der Ausbildung erster Erkrankungszeichen im Bereich von 10^{12} bis 10^{13} Ge/mL Plasma *[Cassinotti P und Siegl G 2002]*. Nach der Phase der akuten Infektion sinkt die Viruskonzentration im Blut zeitgleich mit dem Auftreten der B19V-spezifischen Antikörper deutlich ab.

Mittels quantitativer PCR kann man Virusgenome jedoch über mehrere Wochen bis Monate in Konzentrationen von 10^3 bis 10^5 Ge/mL Blut nachweisen. Bei einigen Personen etabliert sich trotz der Produktion von B19V-spezifischen IgG-Antikörpern eine über Monate bis mehrere Jahre persistierende B19V-Infektion, die durch den Nachweis von niedrigen Konzentrationen von Virusgenomen im peripheren Blut gekennzeichnet ist. Außerdem kann man in vermutlich allen Personen mit zurückliegender B19V-Infektion Virusgenome in unterschiedlichen Geweben (u. a. Myokard, Haut, Leber, Synovia) mit PCR nachweisen. Hierbei gelten Werte von bis zu 10^3 Ge/10^6 Zellen jeweiligen Gewebes als unbedenklich *[Norja P et al. 2006; Kuethe F et al., 2009]*.

9.4 Kritische Wertung

Beweisend für eine akute B19V-Infektion ist der Nachweis hoher Konzentrationen von Virus-DNA (> 10^6 Ge/mL) mittels PCR in Verbindung mit B19V-spezifischen IgM-Antikörpern. IgM-Antikörper sind häufig mit den Viruspartikeln komplexiert und in den Testverfahren nicht immer nachweisbar. Für eine chronisch-persistierende Infektion gilt der Nachweis von B19V-spezifischen IgG-Antikörpern zusammen mit niedrigen bis mittleren Virus-DNA-Mengen bis 10^5 Ge/mL als typisch. IgG gegen die Strukturproteine ohne den gleichzeitigen Nachweis von Virusgenomen sind ein Kriterium für Immunität und beweisend für eine abgelaufene Infektion.

Bei immundefizienten Patienten mit persistierender Infektion sind Antikörper häufig nicht nachweisbar, hier muss ergänzend ein B19V-DNA-Nachweis erfolgen.

Da auch in der Schwangerschaft IgM-Antikörper gegen die viralen Strukturproteine fehlen, bzw. nur sehr schwach oder kurzfristig vorhanden sein können, muss bei Verdacht auf B19V-Infektion in der Schwangerschaft immer ein B19V-DNA-Nachweis aus mütterlichem Plasma oder Serum angestrebt werden. Andererseits fällt der IgM-Nachweis insbesondere bei Schwangeren durch eine unspezifische Reaktivität häufig falsch-positiv aus. In diesen Fällen muss die akute Infektion durch Nachweis von B19V-DNA bestätigt werden. Ein Nachweis von B19V-DNA im Nabelschnurblut ist beweisend für eine intrauterine Infektion.

Des Weiteren wird die PCR zum Nachweis von B19V-DNA aus Serum von einigen Blutspende-Diensten bei der Untersuchung von Blutprodukten in der Transfusionsmedizin eingesetzt. Der B19V-Antigennachweis ist in der Routinediagnostik nicht indiziert.

9.5 Meldepflicht

Nach IfSG besteht keine Meldepflicht der Ringelröteln oder des Labornachweises einer akuten PVB19-Infektion. Ausgenommen sind gehäufte Erkrankungsfälle in Gemeinschaftseinrichtungen i. S. des §33 IfSG und der Labornachweis von Parvovirus B19 in Sachsen. In der Schweiz und Österreich sind Ringelröteln nicht meldepflichtig.

9.6 Standardpräparate

Anti-Parvovirus B19

Anti-parvovirus B19 (IgG) plasma (2nd WHO International Standard, 2013), lyophilisiertes Plasma, 77 IU/Ampulle, NIBSC 01/602

Parvovirus-DNA

Parvovirus B19 for Nucleic Acid Amplification Techniques, (3rd WHO International Standard, 2013), lyophilisiertes Humanplasma, 1.410.000 IU/mL Genotyp 1, NIBSC 12/208, WHO 2013.2224

Genotypenpanel

Parvovirus B19 Genotypes for NAT based assays (1st WHO International Reference Panel, 2010), Humanplasma, Genotypen 1, 2, 3a, NIBSC 09/110

10 Stufendiagnostik der Virushepatitis

Eine Stufendiagnostik zum Nachweis des ätiologischen Agens bei einer bekannten oder vermuteten Hepatitis richtet sich nach dem Ergebnis der klinischen und paraklinischen Untersuchungsergebnisse. Geben diese Untersuchungen keinen sicheren Anhalt für bakteriologische, mykologische oder parasitäre Ursachen, so wird nach der lokalen epidemiologischen Häufigkeit des Virus, der infektionsepidemiologischen Bedeutung des Nachweises, des Risikoprofils des Patienten sowie den therapeutischen Konsequenzen des Untersuchungsergebnisses vorgegangen. Weiterhin muss bei der Stufendiagnostik in Betracht gezogen werden, dass positive Nachweise von Herpes-, Adeno-, Entero- und Parvoviren hinsichtlich ihrer ätiologischen Bedeutung erst beurteilt werden können, wenn eine aktive HAV-, HBV-, HCV- und HEV-Infektion ausgeschlossen wurden.

Stufe 1: Screening ohne Erkrankungsverdacht (Immunitätsabklärung, präoperatives Screening)

Untersuchung auf Anti-HBc-IgG, Anti-HBs-IgG und HBsAg, Anti-HCV-Ig.

Stufe 2: Verdacht auf virale Hepatitis bei Immunkompetenten

Untersuchung auf Anti-HBc-IgG, Anti-HBs-IgG und HBsAg, Anti-HCV-Ig, HCV-RNA oder HCV-Core-Antigen, Anti-HAV-IgG, Anti-HAV-IgM, EBNA-1-IgG, Anti-HCMV-IgG und Anti-HCMV-IgM.

Stufe 3: Verdacht auf virale Hepatitis bei Immundefizienten

Untersuchungen der Stufe 2 und ergänzend NAT auf EBV, HCMV, HEV. Bei entsprechender Symptomatik NAT auf HSV-1 und HSV-2 (anti-HSV-IgG und IgM-Untersuchungen sind hier ohne belastbare Aussagekraft), VZV, HAV (bei negativer HAV-Serologie). Bei zusätzlich Anti-HBc-Positiven NAT auf HBV-DNA.

Stufe 4: Verdacht auf virale Hepatitis bei Immundefizienten

Bei negativen Ergebnissen der Stufe 3 zusätzlich NAT auf Enteroviren, Adenoviren, Parvoviren.

Weiteres Prozedere bei positivem Screening

- Reaktives HCMV-IgM bei Immunkompetenten: gegebenenfalls HCMV-IgG-Avidität und HCMV-DNA
- Positives EBNA-1-IgG bei Immunkompetenten: Primärinfektion ausgeschlossen, keine weitere EBV-Diagnostik, bei Negativität: EBV-VCA-IgG und EBV-VCA-IgM
- Bei unklarem (grenzwertigem) Anti-HAV-IgM und unpassend niedriger Transaminasen-Aktivität: HAV-IgM-Immunblot oder HAV-NAT aus Serum/EDTA-Plasma
- Bei Verdacht auf persistierende HBV-Infektion: quantitative HBV-DNA
- Bei positivem HBsAg: Anti-HDV oder HDV-RNA, bei positivem Anti-HDV immer HDV-RNA
- Bei jedem positiven Anti-HCV-Ig HCV-NAT, bei Negativität der NAT zusätzlich Immunblot
- Bei jedem reaktiven HEV-IgM HEV-NAT

11 Literatur

Abad FX, Pintó RM, Bosch A. Survival of enteric viruses on environmental fomites. Appl Environ Microbiology 1994; 60(7): 2377–83.

Agut H, Bonnafous P, Gautheret-Dejean A. Laboratory and clinical aspects of human herpesvirus 6 infections. Clin Microbiol Rev 2015; 28(2) 313–35.

AWMF. Aktualisierung der S3-Leitlinie zur Prophylaxe, Diagnostik und Therapie der Hepatitis-B-Virusinfektion. Register-Nr. 021/011, 2011.

Balayan MS, Andjaparidze AG, Savinskaya SS, Ketiladze ES, Braginsky EM et al. Evidence for a virus in non-A, non-B hepatitis transmitted via the fecal oral route. Intervirology 1983; 120: 23–31.

Bekanntmachung des Arbeitskreises Blut des Bundesministeriums für Gesundheit und soziale Sicherung. Hepatitis-C-Virus (HCV). Bundesgesundheitsbl-Gesundheitsforsch-Gesundheitsschutz 2003; 46: 712–22.

Bradshaw D, Lamoury F, Catlett B, Applegate TL, Mcallister J et al. A comparison of seminal hepatitis C virus (HCV) RNA levels during recent and chronic HCV infection in HIV-infected and HIV-uninfected individuals. J Infect Dis 2015; 211(5): 736–43.

Braga WS, de Oliveira CM, de Araujo JR, Castilho Mda C, Rocha JM et al. Chronic HDV/HBV co-infection: predictors of disease stage – a case series of HDV-3 patients. J Hepatol 2014; 61(6): 1205–11.

Bredl S, Plentz A, Wenzel JJ, Pfister H, Möst J, Modrow S. False-negative serology in patients with acute parvovirus B19 infection. J Clin Virol 2011; 51(2): 115–20.

Bundesärztekammer. Bekanntmachung zu RiLiBÄK Sektion B3. In: Deutsches Ärzteblatt 2013; Jg. 110; Heft 12 A: 575–82.

Cassinotti P, Siegl G. Quantitative evidence for persistence of Human Parvovirus B19 DNA in an immunocompetent individual. Eur J Clin Microbiol Infect Dis 2000; 19: 886–89.

Chudy M, Scheiblauer H, Hanschmann KM, Kress J, Nick S et al. Performance of hepatitis B surface antigen tests with the first WHO international hepatitis B virus genotype reference panel. J Clin Virol 2013; 58(1): 47–53.

Cisek S, Friesland M, Steinmann J, Becker B, Wedemeyer H, et al. How stable ist the hepatitis C virus (HCV)? Environmental stability of HCV and ist susceptibility to chemical biocides. J Infect Dis 2010; 201(12): 1859–66.

Cornberg M, Protzer U, Petersen J, Wedemeyer H, Berg T, et al. Genetic variability and molecular evolution of hepatitis A virus. Virus Res. 2007; 127(2): 15–57.

Cristina J, Costa-Mattioli M. Genetic variability and molecular evolution of Hepatitis A virus. Virus Rsearch 2007; 2: 15–57.

Cuthbert JA. Hepatitis A. Old and new. Clin Microbiol Rev 2001; 14(1): 38–58.

de Paula VS, Villar LM, Morais LM, Lewis-Ximenez LL, Niel C et al. Detection of hepatitis A virus RNA in serum during the window period of infection. J Clin Virol 2004; 29(4): 254–9.

Doerrbecker J, Friesland M, Ciesek S, Erichsen TJ, Mateu-Gelabert P et al. Inactivation and survival of hepatitis C virus on inanimate surfaces. J Infect Dis 2011; 204(12): 1830–8.

DVV. Empfehlungen der Deutschen Vereinigung zur Bekämpfung der Viruskrankheiten (DVV) e. V. und Gesellschaft für Virologie (GfV). Prävention der nosokomialen Übertragung von Hepatitis-B-Virus (HBV) und Hepatitis-C-Virus (HCV) durch im Gesundheitswesen Tätige. (in Bearbeitung).

Enders M, Weidner A, Zoellner I, Searle K, Enders G. Fetal morbidity and mortality after acute human parvovirus B19 infection in pregnancy: prospective evaluation of 1018 cases. Prenat Diagn 2004; 24: 513–8.

European Centre for Diesease Prevention Control (ECDC). Hepatitis B and C in the EU neighbourhood: prevalence, burden of disease and screening policies. Stockholm ECDC 2010.

European Centre for Diesease Prevention Control (ECDC). Hepatitis B and C epidemiology in selected population groups in the EU/EEA. Stockholm ECDC 2018.

European Centre for Disease Prevention and Control. Hepatitis E in the EU/EEA, 2005–2015. Stockholm ECDC 2017.

Faupel FM. Die Bedeutung von Anti-präS2-Antikörpern in der Diagnostik des Hepatitis-B-Virus. Inaugural-Dissertation am Fachbereich Medizin der Justus-Liebig-Universität, Gießen 2010.

Funk ML, Rosenberg DM, Lok AS. World-wide epidemiology of HBeAg-negative chronic hepatitis B and associated precore and core promoter variants. J Viral Hepat 2002; 9: 52–61.

Gaudy-Graffin C, Lesage G, Kousignian I, Laperche S, Girault A et al. Use of an anti-hepatitis C virus (HCV) IgG avidity assay to identify recent HCV infection. J Clin Microbiol 2010; 48(9): 3281–7.

Gerlich WH, Glebe D, Schüttler CG. Deficiencies in the standardization and sensitivity of diagnostic tests for hepatitis B virus. J Viral Hepat 2007; 14(Suppl. 1): 16–21.

Gerlich WH. Medical Virology of Hepatitis B: how it began and where we are now. Virol J 2013; 10: 239. PMCID: PMC 3729363.

Girndt M. KDIGO-Leitlinie-Hepatitis C: Prävention, Diagnose, Evaluation und Behandlung bei chronischer Nierenerkrankung. Dialyse aktuell 2010; 14: 572–9.

Hollinger FB, Emerson SU. Hepatitis A virus. In: Knipe DM, Howley P, editors. Fields virology. 5th ed. Philadelphia, USA: Lippincott Williams Wilkins; 2007.

Horst AK, Neumann K., Diehl L, Tiegs G. Modulation of liver tolerance by conventional and nonconventional antigen-presenting cells and regulatory immune cells. Cell Mol Immunol 2016; 13: 277–92.

Huang W, Zhang H, Harrison TJ, Lang S, Huang G, Wang Y (2008) Cross-protection of hepatitis E virus genotypes 1 and 4 in rhesus macaques. J Med Virol; 80: 824–32.

Huges SA, Wedemeyer H, Harrison PM. Hepatitis delta virus. Lancet 2011; 378(9785): 73–85.

Jilg W. Hepatitis-A-Infektionen durch Lebensmittel. Bundesgesundheitsblatt – Gesundheitsforschung – Gesundheitsschutz 2002; 45: 543–8.

Jilg W. Hepatitis-A-Virus. In: Gerlich W H und Dörr W (Hrsg.): Medizinische Virologie. Thieme, 2. Aufl. Stuttgart 2010.

Johne R, Reetz J, Ulrich RG, Machnowska P, Sachsenröder J et al. An ORF1rearranged hepatitis E virus derived from a chronically infected patient efficiently replicates in cell culture. J Virol 2014; 21: 447–56.

Kaplan MH, Klein SW, McPhee J, Harper RG. Group B coxsackievirus infections in infants younger than three months of age: a serious childhood illness. Rev Infect Dis 1993; 5: 1019–32.

Kerr JR, Modrow S. Human and primate parvovirus infections and associated disease. In: Berns K et al. (eds.): Parvoviruses. London: Edward Arnold (Publishers) Ltd. 2006. Pp. 385–416.

Khuroo MS. Study of an epidemic of non-A, non-B hepatitis. Possibility of another human hepatitis virus distinct from post transfusion non-A, non-B type. Am J Medicine 1980; 68: 818–23.

Kreader CA. Relief of amplification inhibition in PCR with bovine serum albumin or T4 gene 32 protein. Appl Environ Microbiol 1996; 62: 1102–6.

Kuethe F, Lindner J, Matschke K, Wenzel JJ, Norja P et al. Prevalence of parvovirus B19 and human bocavirus DNA in the heart of patients with no evidence of dilated cardiomyopathy or myocarditis. Clin Infect Dis 2009; 49(11): 1660–6.

Lee GH, Tan BH, Teo ECY, Lim SG, Dan YY et al. Chronic infection with camelid Hepatitis E Virus in a liver transplant recipient who regularly consumes camel meat and milk. Gastroenterology 2016; 150: 355–7.

Le Gal F, Gault E, Ripault MP, Serpaggi J, Trinchet EG, Dény P. Eight major clade for hepatitis D virus. Emerg Infect Dis 2006; 12(9): 1447–50.

Leon LAA, Melgaço JG, de Paula VS, Pinto MA. Parvovirus B19 infection in a fatal case of acute liver failure. Pediatr Infect Dis J 2017; 36(12): 355–8.

Lion T, Kosulin K, Landlinger C, Rauch M, Preuner S et al. Monitoring of adenovirus load in stool by real-time PCR permits early detection of impending invasive infection in patients after allogeneic stem cell transplantation. Leukemia; 2010 4: 706.

Mahrt H, Schemmerer M, Behrens G, Leitzmann M, Jilg W, Wenzel JJ. Continuous decline of hepatitis E virus seroprevalence in southern Germany despite increasing notifications, 2003–2015. Emerg Microbes Infect 2018; 7(1): 133.

Manns MP. Aktualisierung der S3-Leitlinie zur Prophylaxe, Diagnostik und Therapie der Hepatitis-B-Virusinfektion. AWMF-Register-Nr. 021/011. Z Gastroenterol 2011; 49: 871–930.

Marwaha N, Sachdev S. Current testing strategies for hepatitis C virus infection in blood donors and the way forward. World J Gastroenerol 2014; 20(11): 2948–54.

Medici MC, Furlini G, Rodella A, Fuertes A, Monachetti A et al. Hepatitis C virus core antigen: analytical performances, correlation with viremia and potential applications of a quantitative, automated immunoassay. J Clin Virol 2011; 51: 264–9.

Mertens T, Haller O, Klenk HD (Hrsg.). Diagnostik und Therapie von Viruskrankheiten. Leitlinien der Gesellschaft für Virologie. Elsevier/Urban & Fischer, 2. Aufl. 2004.

Messina JP, Humphreys I, Flaxman A, Brown A, Cooke GS et al. Global distribution and prevalence of hepatitis C virus genotypes. Hepatology 2015; 61(1): 77–87.

Meyer T, Schüttler CG, Straube E, Roß RS, Stürmer M et al. Schnelltest-Diagnostik sexuell übertragbarer Infektionen in niedrigschwelligen Einrichtungen. Gemeinsame Stellungnahme des RKI, PEI und der DSTIG. Bundesgesundheitsbl 2016.

Mhiri L, Kaabi B, Houimel M, Arrouji Z, Slim A et al. Comparison of pp65 antigenemia, quantitative PCR and DNA hybrid capture for detection of cytomegalovirus in transplant recipients and AIDS patients. J Virol Methods 2007; 143(1): 23–2.

Mynarek M, Ganzenmueller T, Mueller-Heine A, Mielke C, Gonnermann A et al. Patient, virus, and treatment-related risk factors in pediatric adenovirus infection after stem cell transplantation: results of a routine monitoring program. Biol Blood Marrow Transplant 2014; 2: 250–6.

Murphy DG, Sablon E, Chamberland J, Fournier E, Dandavino R, Tremblay CL. Hepatitis C virus genotype 7, a new genotype originating from central Africa. J Clin Microbiol 2015; 53(3): 967–72.

Nationale Stillkommission. Hepatitis C und Stillen, Zweite ergänzende Empfehlung der Nationalen Stillkommission vom 30. Mai 2008. BfR 2008.

Norja P, Hokynar K, Aaltonen LM, Chen R, Ranki A et al. Bioportfolio: lifelong persistence of variant and prototypic erythrovirus DNA genomes in human tissue. Proc Natl Acad Sci U S A. 2006; 103(19): 7450–3.

Normann A, Jung C, Vallbracht A, Flehmig B. Time course of hepatitis A viremia and viral load in the blood of human hepatitis A patients. J Med Virol 2004; 1: 10–6.

Paintsil E, He H, Peters C, Lindenbach BD, Heimer R. Survival of hepatitis C virus in syringes: implication for transmission among injection drug users. J Infect Dis 2010; 202(7): 984–90.

Poethko-Müller C, Zimmermann R, Hamouda O, Faber M, Stark M et al. Die Seroepidemiologie der Hepatitis A, B und C in Deutschland. Ergebnisse der Studie zur Gesundheit Erwachsener in Deutschland (DEGS1). Bundesgesundheitsblatt – Gesundheitsforschung – Gesundheitsschutz 2013; 56: 707–15.

Polywka S, Schröter M, Feucht HH, Zöllner B, Laufs R. Relevance of reactivity in commervially available hepatitis C virus antibody assays. J Clin Microbiol 2001; 39: 1665–8.

Pourkarim MR, Amini-Bavil-Olyaee S, Kurbanov F, Van Ranst M, Tacke F. Molecular identification of hepatitis B virus genotypes/subgenotypes: revised classification hurdles and updated resolutions. World J Gastroenterol 2014; 20(23): 7152–68.

Rafat C, Ricard JD, Messika J, Roch A, Machado S et al. Severe measels infection: the spectrum of disease in 36 critically ill adult patients. Medicine (Baltimore) 2013; 92(5): 257–72.

Rein DB, Stevens GA, Theaker J, Wittenborn JS, Wiersma ST et al. The global burden of hepatitis E genotypes 1 and 2 in 2005. Hepatology 2012; 55(4): 988–97.

Rizzetto M. The adventure of delta. Liver Int 2016; 36(Suppl. S1): 135–40.

Robert Koch-Institut. Virushepatitis B und D im Jahr 2018. Epidemiologisches Bulletin 2019; 29: 261–70.

Robert Koch-Institut. Hepatitis C im Jahr 2014. Epidemiologisches Bulletin 2015; 30: 289–99.

Robert Koch-Institut. Virushepatitis B und D im Jahr 2014. Epidemiologisches Bulletin 2015; 29: 271–88.

Robert Koch-Institut. Infektionsepidemiologisches Jahrbuch meldepflichtiger Krankheiten für 2009. 2010: 88–92.

Robert Koch-Institut. Infektionsepidemiologisches Jahrbuch meldepflichtiger Krankheiten für 2016. 2017: 95–101.

Robert Koch-Institut. Infektionsepidemiologisches Jahrbuch meldepflichtiger Krankheiten für 2018. 2019: 106–126.

Rodella A, Galli C, Terlenghi L, Perandin F, Bonfanti C, Manca N. Quantitative analysis of HBsAg, IgM anti-HBc and anti-HBc avidity in acute and chronic hepatitis B. J Clin Virol 2006; 37(3): 206–12.

Ross RS, Viazov S, Salloum S, Hilgard P, Gerken G, Roggendorf M. Analytical performance characteristics and clinical utility of a novel assay for total hepatitis C virus core antigen quantification. J Clin Microbiol 2010; 48: 1161–8.

Sarrazin C, Zimmermann T, Berg T, Neumann UP, Schirmacher P et al. S3-Leitlinie „Prophylaxe, Diagnostik und Therapie der Hepatitis-C-Virus (HCV)-Infektion, AWMF-Register-Nr.: 021/012. Z Gastroenterol 2018; 56: 756–838.

Scheiblauer H, El-Nageh M, Diaz S, Nick S, Zeichhardt H et al. Performance evaluation of 70 hepatitis B virus (HBV) surface antigen (HBsAg) assays from around the world by a geographically diverse panel with an array of HBV genotypes and HBsAg subtypes. Vox Sang 2010; 98(3 Pt 2): 403–14.

Schüttler CG, Faupel FM, Glebe D. Labordiagnostik bei HBV: Kritische Befundinterpretation und vorschnelle Diagnosen. Verdauungskrankheiten 2012; 30(3): 129–33.

Schwebke I, Eggers M, Gebel J, Geisel B, Glebe D et al. Prüfung und Deklaration der Wirksamkeit von Desinfektionsmitteln gegen Viren zur Anwendung im humanmedizinischem Bereich. Bundesgesundheitsbl 2017; 60: 353–63.

Shepard CW, Simard EP, Finelli L, Fiore AE, Bell BP. Hepatitis B virus infection: epidemiology and vaccination. Epidemiol Rev 2006; 28: 112–25.

Smith DB, Bukh J, Kuiken C, Muerhoff AS, Rice CM et al. Expanded classification of hepatitis C virus into 7 genotypes and 67 subtypes: updated criteria and genotype assignment web resource. Hepatology 2014; 59(1): 318–27.

Smith DB, Simmonds P, International Committee on Taxonomy of Viruses Hepeviridae Study G, Jameel S, Emerson SU, Harrison TJ et al. Consensus proposals for classification of the family Hepeviridae. J Gen Virol 2014;95(Pt 10):2223–32.

Strassburg CP, Obermayer-Straub P, Alex B, Durazzo M, Rizzetto M et al. Autoantibodies against glucuronosyltransferases differ between viral hepatitis and autoimmune hepatitis. Gastroenterology 1996; 111(6): 1576–86.

Su CW, Huang YH, Huo TL, Shih HH, Sheen IJ et al. Genotypes and viremia of hepatitis B and D viruses are associated with outcomes of chronic hepatitis D patients. Gastroenterology 2006; 130(6): 1625–35.

Thibault V, Laperche S, Thiers V, Sayon S, Letort MJ et al. Molecular epidemiology and clinical characteristics of hepatitis B identified through the French mandatory notification system. PLoS One 2013; 8(9): e75267.

Tillmann HL. Hepatitis C virus core antigen testing: Role in diagnosis, disease monitoring and treatment. World J Gastroenterol 2014; 20(22): 6701–6.

Todt D, Gisa A, Radonic A, Nitsche A, Behrendt P et al. In vivo evidence for ribavirin-induced mutagenesis of the hepatitis E virus genome. Gut 2016; 65: 1733–43.

Tohme RA, Holmberg SD. Is sexual contact a major mode of hepatitis C virus transmission? Hepatology 2010; 52: 1497–505.

VAH (Verbund für Angewandte Hygiene e.V., Desinfektionsmittel-Kommission). Tetsverfahren zur Prüfung von Flächendesinfektionsmitteln für Verfahren ohne Mechanik. Hyg Med 2015; 40-11.

Verheyen J, Neumann-Fraune M, Berg T, Kaiser R, Obermeier M. The detection of HBsAg mutants expressed in vitro using two different quantitative HBsAg assays. J Clin Virol 2012; 54(3): 279–81.

von Müller L, Hinz J, Bommer M, Hampl W, Kluwick S et al. CMV monitoring using blood cells and plasma: a comparison of apples with oranges? Bone Marrow Transplant 2007; 39(6): 353–57.

Wedemeyer H, Erhardt A. Natürlicher Verlauf und Therapie der chronischen Hepatitis D. Med Welt 2007; 58(3): 105–10.

Wedemeyer H, Manns MP. Epidemiology, pathogenesis and management of hepatitis D: update and challenges ahead. Nat Rev Gastroenterol Hepatol 2010; 7: 31–40.

World Health Organization (WHO): Hepatitis D 2018. https://www.who.int/newsroom/fact-sheets/detail/hepatitis-d.

Wong S, Young NS, Brown KE. Prevalence of parvovirus B19 in liver tissue: no association with fulminant hepatitis or hepatitis-associated aplastic anemia. J Infect Dis 2003; 187(10): 1581–6.

Wranke A, Wedemeyer H. Antiviral therapy of hepatitis delta virus infection – progress and challenges towards cure. Curr Opin Virol 2016; 20: 112–8.

Young NS, Brown KE. Parvovirus B19. New Engl J Med 2004; 3560: 586–97

Zhang J, Shih JW, Wu T, Li SW, Xia NS. Development oft he hepatitis E vaccine: from bench to field. Semin Liver Dis 2013; 33: 79–88.

Zhu FC, Zhang J, Zhang XF, Zhou C, Wang ZZ et al. Efficacy and safety of a recombinant hepatitis E vaccine in healthy adults: a large-scale, randomised, double-blind placebo-controlled, phase 3 trial. Lancet 2010; 376: 895–902.

12 Abkürzungsverzeichnis

Ag	Antigen
Ak	Antikörper
ALAT	Alanin-Aminotransferase
ASAT	Aspartat-Aminotransferase
AST	Anti-Streptolysintiter
AWMF	Arbeitsgemeinschaft der Wissenschaftlichen Medizinischen Fachgesellschaften e.V.
B19V	Parvovirus B19
BG	Berufsgenossenschaft
cccDNA	*covalently closed circular DNA*
CO/S	*cutoff-to-signal ratio*
CTS	*common technical specifications*
DIN	Deutsches Institut für Normung e. V.
DNA	Desoxyribonukleinsäure
DVV	Deutsche Vereinigung zur Bekämpfung der Viruskrankheiten e. V.
E	Einheit
EA	*early antigen* (EBV)
EBNA	Epstein-Barr-Virus *nuclear antigen*
EBV	Epstein-Barr-Virus
EDTA	Ethylendiamintetraessigsäure
EIA	*enzyme-immunoassay*
ELISA	*enzyme-linked immunoassay*
Gäq	Genomäquivalente (bei RNA-Viren)
GfV	Gesellschaft für Virologie e. V.
Ge	Genome (bei DNA-Viren)
GGT	Gammaglutamyltransferase
GOT	Glutamat-Oxalacetat-Transaminase (heute Aspartat-Aminotransferase)
GPT	Glutamat-Pyruvat-Transaminase (heute Alanin-Aminotransferase)

HAV	Hepatitis-A-Virus
HBcAg	Hepatitis-B-Virus-Core-Antigen
HBeAg	Hepatitis-B-Virus-E-Antigen
HBsAg	Hepatitis-B-Virus-Surface-Antigen
HBV	Hepatitis-B-Virus
HCC	hepatozelluläres Karzinom
HCMV	Humanes Cytomegalievirus
HCV	Hepatitis-C-Virus
HDAg	Hepatitis-D-Virus-Antigen
HDV	Hepatitis-D-Virus
HEV	Hepatitis-E-Virus
HHV	Humanes Herpesvirus
HIV	Humanes Immundefizienzvirus
HSV	Herpes-simplex-Virus
IE	internationale Einheit
IfSG	Infektionsschutzgesetz
IFT	Immunfluoreszenztest
IgA	Immunglobulin A
IgG	Immunglobulin G
IgM	Immunglobulin M
ISO	International Organization for Standardization
IU	international unit
i. v.	intravenös
IVD	In-vitro-Diagnostika
IVDU	intravenöser Drogenkonsum
kB	Kilobasen
kDa	Kilo-Dalton
KMT	Knochenmarktransplantation
L	Liter
Ldx.	Numerischer Index
LHBs	großes HBV-Oberflächenprotein
LHDAg	großes Hepatitis-D-Virus-Antigen
LTX	Lungentransplantation
MHBs	mittleres HBV-Oberflächenprotein
MiQ	Mikrobiologisch-infektiologische Qualitätsstandards
mL	Milliliter

NAT	Nukleinsäure-Amplifikationstechnik
ng	Nanogramm
NRZ	Nationales Referenzzentrum
OBI	okkulte Infektion (Hepatitis B)
PEG	Polyethylenglykol
PBS	phosphatgepufferte Salzlösung
PEI	Paul-Ehrlich-Institut
p. i.	post infectionem
p. n.	postnatal
PTLD	Posttransplantations-lymphoproliferative Erkrankung
PVB19	Parvovirus B19
RiLi-BÄK	Richtlinie der Bundesärztekammer zur Qualitätssicherung laboratoriumsmedizinischer Untersuchungen
RKI	Robert Koch-Institut
RNA	Ribonukleinsäure
RT	Raumtemperatur
rt	*real-time*
RT	reverse Transkription
S/CO	*signal-to-cutoff ratio*
SHBs	kleines Hepatitis-B-Oberflächenprotein
SHD	kleines Hepatitis-D-Antigen
spp.	species pluralis
STIKO	Ständige Impfkommission
SZT	Stammzelltransplantation
TTV	*Transfusion-transmitted virus*, früher Torque-Teno-Virus
TX	Transplantation
U	Units
UN	United Nations
VCA	Virus-Capsid-Protein (EBV)
VP	Virusprotein
VZV	Varizella-Zoster-Virus
WHO	World Health Organization
ZNS	Zentralnervensystem

13 Adressen der Konsiliarlabore und Nationalen Referenzzentren

Konsiliarlabor für Hepatitis-A-Virus und Hepatitis-E-Virus Universitätsklinikum Regensburg Institut für Klinische Mikrobiologie und Hygiene Franz-Josef-Strauß-Allee 11 93053 Regensburg Prof. Dr. med. Jürgen Wenzel Telefon: 0941 944-6411 Telefax: 0941 944-6402	**Nationales Referenzzentrum für Hepatitis-B- und Hepatitis-D-Viren** Justus-Liebig-Universität Gießen Institut für Medizinische Virologie Schubertstr. 81 35392 Gießen Prof. Dr. rer. nat. Dieter Glebe (wissenschaftlicher Leiter) Ltd. OA Dr. med. Christian G. Schüttler (ärztlicher Leiter) Telefon: 0641 99-412 46 (Prof. Dr. Glebe) Telefon: 0641 99-412 30 (Dr. Schüttler) Telefax: 0641 99-397 99
Nationales Referenzzentrum für Hepatitis-C-Viren Universitätsklinikum Essen Institut für Virologie Virchowstr. 179 45147 Essen Prof. Dr. med. Dr. phil. Stefan Roß Telefon: 0201 723-3561 Telefax: 0201 723-5939	**Konsiliarlabor für Parvoviren** Universität Regensburg Institut für Medizinische Mikrobiologie und Hygiene Franz-Josef-Strauß-Allee 11 93053 Regensburg Prof. Dr. rer. nat. Susanne Modrow Telefon: 0941 944-6454 Telefax: 0941 944-6402

14 Autorenverzeichnis

Dr. med. Christian G. Schüttler Institut für Medizinische Virologie Biomedizinisches Forschungszentrum Seltersberg (BFS) Schubertstr. 81 35392 Gießen	**Dr. med. Heiko Slanina** Institut für Medizinische Virologie Biomedizinisches Forschungszentrum Seltersberg (BFS) Schubertstr. 81 35392 Gießen
Prof. Dr. med. Barbara Gärtner Institut für Medizinische Mikrobiologie und Hygiene Institut für Infektionsmedizin Bereich Krankenhaushygiene Universitätsklinikum des Saarlandes Kirrberger Str., Gebäude 43 66421 Homburg/Saar	**Dr. med. Daniela Huzly** Department für Medizinische Mikrobiologie, Virologie und Hygiene Institut für Virologie Hermann-Herder-Str. 11 79104 Freiburg
Prof. Dr. rer. nat. Susanne Modrow Institut für Medizinische Mikrobiologie und Hygiene Franz-Josef-Strauß-Allee 11 93053 Regensburg	